JN040321

必然の再生

創業100年企業復活の軌跡

國天俊治
KOKUTEN TOSHIHARU

幻冬舎MC

必然の再生

創業１００年企業　復活の軌跡

はじめに

ニーズの多様化、人口減少、産業構造の変化……。時代の移り変わりに対応できず、旧態依然としたままの斜陽産業においては、急速に淘汰が進んでいる。

なかでも繊維産業は斜陽化が著しい。1950年には繊維製品が日本の全輸出額の50％近くを占め、戦後の経済成長を支える存在だった。続く高度経済成長期を通して右肩上がりで伸び続け、日本はまさに繊維大国となったが、アジア諸国の台頭により翳(かげ)りが見え始める。やがて国内の繊維産業は競争力を失い、1991年をピークに下降の一途をたどり始めた。現在は繊維製品の出荷額および繊維事業者数は1991年と比べ4分の1ほどにまで落ち込み、今後再び上昇する見通しは立っていない。

繊維染色機械メーカーも厳しい状況にある。繊維産業の衰退に伴っていずれの企業も経営に行き詰まり、30年前には約100社あったメーカーが次々と撤退していった。

しかしそんななか、時代の流れに逆行し着実に成長を遂げている企業もある。それが現在、国内で染色整理機械一式を製造している唯一のメーカー、SANDO TECH（旧・山東鐵工所）だ。社員数60人、売上20億円（2022年度）という中小企業で、2006年以来黒字を出し続けてきた。

国内で最も斜陽化が進む産業の一つである繊維業界で、地方中小企業がこれほど長期にわたって着実に成長を遂げてきた背景には何があるのか――それを明らかにすることが、国内産業を再び活気づけるヒントになるのではないかと考え、取材を申し込んだ。

取材を始めてまず驚かされたのが、黒字化する前年の2005年には倒産の危機に瀕（ひん）していたという事実だ。繊維産業全体が衰退し続けるなか、ほかの繊維染色機械メーカー同様に売上が落ち、赤字が慢性化、社員たちのモチベーションは低下し業界での信用も失われ、まさに八方ふさがりとなっていた。整理回収機構による債権者集会が開かれ、１９２０年より受け継がれてきた会社の灯火がまさに消えようとしていた。

そんな苦境において、翌年の２００６年６月に経営陣を刷新すると、なんとわずか半年で黒字化を達成したのだ。人事体制の見直しや不採算部門の縮小・撤退を断行したことに加え、繊維染色の領域で培ってきた技術を応用し、フィルムなどの産業資材加工をはじめとする数々の新規事業を展開してきた。２００８年のリーマン・ショックも黒字で乗り切り、今もなおさらなる成長を続けている。

その企業再生の秘密を探ると、「**エネルギー**」「**ポテンシャル**」「**ニーズ**」という３つのキーワードが浮かび上がってきた。組織改革で社員の不満を成長へのエネルギーへと転換し、先行投資で自社の技術のポテンシャルを引き出し、多様化する社会のニーズを見極めて事業を展開するという、王道ともいえる経営改革によってＳＡＮＤＯ ＴＥＣＨはよみがえったのだ。

この奇跡的な復活劇に必要だったのは、特別なノウハウなどではなかった。当たり前のことを当たり前にしていけば、どんな企業も必ず再建できる。企業の再生は自ずと成し遂げられるのだ。

本書は、ＳＡＮＤＯ ＴＥＣＨの再建ストーリーから企業再生のヒントを解き明かし、赤字で苦しむ中小企業の経営の一助となることを目指した。この会社の改革の歩みには、斜陽産業のなかにあっても会社を成長へと導くアイデアやヒントが数多く存在している。

逆境からの成長と奇跡の復活を遂げ、２０２０年には創業１００周年を迎えた。次の成長ステージへと進化を続ける同社の改革の軌跡と、挑戦の物語を、さっそく紐解いていこうと思う。

目次

序章 ニーズの多様化、人口減少、産業構造の変化……
時代に取り残され旧態依然としたままの斜陽の赤字企業

第1章

赤字受注、止まった研究開発、粉飾決算……

非常識が〝当たり前〟になっていた老舗の繊維染色機械メーカー

第2章

社員の不満を「エネルギー」に転換し企業再生の原動力にする

改革の必要性を全社員で共有し、半年で解消した慢性赤字

第3章

技術の「ポテンシャル」を引き出すための決断

大胆な先行投資で勝負に出たリーマン・ショックの危機

第4章

多様化する社会の「ニーズ」に常に応え続ける

繊維染色機械のオンリーワン企業として描くサステナブルな成長戦略

第5章 企業再生に、〝偶然〟など存在しない——改革を続け、次の100年へ理念をつなぐ

序章

ニーズの多様化、人口減少、産業構造の変化……

時代に取り残され旧態依然としたままの斜陽の赤字企業

時代に取り残された、斜陽産業

斜陽産業――その業界で働く者にとって、死刑宣告にも似た響きをもったこの言葉が、日本各地で聞かれるようになって久しい。斜陽産業とは、売上高や生産量が過去にピークを記録して以来、現在に至るまで低迷し、今後も将来的な回復の兆しがない、未来の見えぬ産業を指す。

例えば石炭産業は、かつて日本の発展に大きく貢献した重要な産業だった。明治時代、鉄道が開通したことをきっかけの一つとしてその生産地が全国に広がり、火力発電や交通機関などのエネルギー源として、国民の生活を支えていた。1957年のピーク時には5200万トンもの生産量を誇ったこともあった。

しかし1960年代前後で石油が出回り始め、その後主要なエネルギー源が石炭から石油へと移り変わった。また海外から日本より安い石炭が輸入されたことも加わり、国内の石炭産業は急速に衰えていった。現在は100万トンを切る生産量となり、そのほとんどが火力発電の燃料に充てられている。さらに世界的に環境保全が叫ばれ、石油やガスに比べ燃焼時により多くの二酸化炭素を排出する石炭火力発電も廃止の機運が高まっている。

このように、技術革新による新たな産業の台頭や、競争力の強い海外製品の流入などが引き金となって斜陽化していくケースが多い。

特に近年は、デジタル技術を活用し、既存のビジネスモデルや商習慣にとらわれない革新的な商品やサービスが世界中で登場している。

これらは従来の産業構造を覆し、すでに成熟した市場をデジタルの力で新たなビジネスモデルに作り替えていくことで、既存の企業の顧客を奪っていく。

例えば動画や音楽の配信サービスの急速な拡大である。インターネットを介して好きなタイミングで動画や音楽を楽しむのがもはや当たり前となったことが原因で、DVDやCDのレンタルサービスは急速に市場から駆逐されつつある。

一般社団法人日本映像ソフト協会（JVA）によれば、個人向けレンタルサービスの加盟店数は1990年代をピークに減少を続け、2022年には全国で2500店舗ほどと、最盛期の約5分の1となっている。また、2007年には3604億円あった売上も、2017年には1659億円となり、2022年には572億円にまで急落した。

その市場を奪ったのが有料の動画配信サービスであり、その売上は2017年の1510億円から、2022年には5504億円へと成長を遂げてきた。

映像コンテンツ産業において、動画配信サービスはまぎれもなく革新的かつ従来の方法を破壊する存在であり、その登場と発展により、ソフトのレンタルサービスは斜陽化してきている。

何十年も続いてきた業界が、デジタル化という新たな技術によって一気に窓際へと追い立てられるという、こうした事例は今後もあとを絶たないと想定できる。そのほかにも、産業構造の変化や、ニーズの多様化、価値観の変化といった時代の流れに反応できない旧態依然とした産業もいずれ斜陽化することになる。

もちろん新しいビジネスモデルの登場が新たな産業の活性化を促進する可能性は高い。一方で、その変革についていけない企業も数多く存在し、倒産していく企業が増加することは経済だけでなくすべての面において国力の衰退につながり、ひいては日本そのものの斜陽化をもたらす危険がある。

しかし、斜陽産業からの脱却と再生はただの夢物語ではない。実際に、構造不況業種と呼ばれ、斜陽化に歯止めがかからない産業のなかにあっても、独自の戦略やアイデアによって力強く成長を遂げている企業は存在するのだ。

なぜそうしたことが可能なのか、その理由を解き明かし、斜陽化という絶望の壁を打ち破るための共通のヒントを示せたなら、それが日本自体の斜陽化を防ぐ一つの鍵となるはずだ。

「新市場開拓戦略」で再生した富士フイルム

斜陽産業のなかでも成長する企業が現れる理由は、いくつか挙げることができる。

斜陽化し、市場規模が縮小していけば、そこで利益を上げられなくなった企業が続々と撤退していく。しかし逆に、市場に踏みとどまることができればライバルたちがどんどんいなくなり、彼らが抱えていた顧客を引き受けられるチャンスが訪れる。

ある程度の規模の市場であれば、いきなり一つの産業がまるまる消失するようなことはまず起きない。石炭産業もＣＤやＤＶＤのレンタルサービスも、規模が圧倒的に小さくなったとはいえいまだに残り続けている。

仮に1兆円あった市場が、１０００億円まで縮小したなら、それは斜陽化の道をたどっている可能性が非常に高い。ただ、それと併せて企業の数が1万社から１００社にまで減ったとするなら、単純に頭数で割れば1社あたりの売上が10倍に伸びる計算となる。

もちろん現実はそれほど簡単にはいかないが、ライバルが減って市場がブルーオーシャン化し、成長のチャンスをつかむ企業が出てくるのは想像に難くない。たとえ知名度が低い中小企業であっても、ニッチとなった市場でならトップに君臨できる可能性は十分にあり、それがあえて斜陽産業で勝負を続ける理由ともなる。

また、国内では成長が見込めない産業であっても、海外で新たな需要を開拓することで再び花開く可能性がある。ビール市場などはその典型例で、国内需要は減り続ける一方、アジアやアフリカの経済成長を背景として世界需要は伸びており、日本の大手ビールメーカーも海外市場へとシフトしつつある。

さらにこれまで培ってきた技術を活かし、新たな事業領域への進出を成功させる企業もある。その代表格といえるのが富士フイルムだ。

1934年に創業し、国内写真フィルムのメーカーとして長きにわたりトップに君臨してきた老舗企業にも、2000年以降は大きな試練が訪れた。デジタルカメラの普及によって、写真フィルムの世界需要が落ち始めたのだ。2000年にピークを迎えた市場はそこから6年で半減、2010年には10分の1にまで激減した。およそ180年かけて進化し、積み上げられてきたフィルムの技術が、新たに出現した革新的なシステムによってわずか10年で市場が様変わりしてしまうというのが、デジタル時代の恐ろしさである。

当時、写真フィルムを含む感光材料で市場シェアの7割を握り、営業利益の約3分の2を生み出していた富士フイルムにとっては、まさに存続の危機となりうる事態であった。しかしデジタル化の流れはすでに1980年代にはその兆候があり、社内で

アンゾフの成長マトリクス

		市場	
		既存	新規
製品	新規	Product Development 新製品開発	Diversification 多角化
製品	既存	Market Penetration 市場浸透	Market Development 新市場開拓

リスク：高（多角化）〜低（市場浸透）

著者作成

は早くから危機感を抱いていくつかの対策を実行していた。

いずれデジタルがフィルムに取って代わるという未来を想定したうえで、フィルム製造のコア技術を使ってインクジェットプリンター用の高性能染料を開発したり、医療関係の会社を買収したりと新たな事業にチャレンジし、デジタルカメラの製造にも参入してきていた。

2000年に入り古森重隆氏が社長に就任すると、フィルム事業からの脱却を決断し、これらの事業領域に力を入れていく。なお古森は、フィルムに代わる新たな市場を目指すうえで、アメリカの経営学者イゴール・アンゾフが提示した「アンゾフの成長マトリクス」と呼ばれるフレームワークを用いて各事業を検討したという。

このフレームワークでは、成長戦略の軸を「製品」と「市場」に分け、さらに「既存」か「新規」という計4つの枠組みで成長市場を分析していく。

既存製品×既存市場は「市場浸透戦略」とされ、今までの市場に対し既存の製品やサービスによってシェア拡大を目指す戦略で、製品の認知度を上げるなどの戦術が考えられる。新規製品×既存市場は「新製品開発戦略」と呼ばれ、今までの市場に新たな製品やサービスを投入して売上を伸ばす戦略である。既存製品×新規市場は、「新市場開拓戦略」といわれ、新たな市場を既存の製品やサービスによって開拓する戦略で、営業力や販売力が問われる。海外市場への参入なども、この枠組みに入る。そして最後は新規製品×新規市場による「多角化戦略」であり、一から新たな市場を開拓していく。世にない市場を開拓できればそのリターンは大きい反面、製品開発やマーケティングなどのコストがかかり、リスクも高くなる。

古森は、複数ある自社の事業をこのマトリクスに振り分けたうえで、市場の成長性、自社にその技術はあるか、継続的に競争力をもち続けられるかといった点から、経営資源を集中すべき事業に絞り込んでいった。

そして、医薬品、化粧品などに多額の投資を行った結果、それらは次第に経営の柱へと成長し、フィルム事業で失った収益以上の利益を会社にもたらすことになる。

なお、成長の起爆剤となった医療や化粧品というジャンルは、一見するとフィルムとはなんの関連性もないように見え、富士フイルムはリスクを負って多角化戦略を選択したように思えるが、実はそうではない。

医療については、創業間もない頃からX線フィルムの国産化に成功し、長きにわたり医療業界に携わってきただけでなく、フィルムの開発製造で蓄積してきた薬品に関する知識もあった。化粧品は、やはりフィルム事業で培ってきたコラーゲン技術やナノ技術をそのまま活かせる領域であった。

これらの「新市場開拓戦略」の成功によって、富士フイルムは斜陽産業からの脱却を遂げ、現在も2兆円を超える売上を誇る大企業であり続けているのだ。

もちろん、これはあくまで富士フイルムの例であり、実際には各社がおかれた状況に合わせた戦略を選ぶ必要があるが、斜陽産業という壁を打ち破るには、既存の技術や製品をどのように活用するかが一つの鍵となる。

隣の芝生はいつでも青く見えるもので、いくら成長著しい市場があっても、安易に多角化戦略で攻め入るのは難しい。新規事業を検討するなら、現在の自社の強みを活かして新製品開発戦略や新市場開拓戦略を選択するのが定石といえる。

また、古森は経営に対する考え方として、「企業の存立の目的は、世の中に価値を提供することにある。その価値を失わぬためにも継続することが大切であり、短期の利益だけを重視した経営ではなく、長期を見て投資をしなければならない」と述べている。これは経営の本質であり、企業再生にあたっても忘れてはならない重要な考えが含まれている。

老舗企業の苦闘の始まり

しかしこのように斜陽産業のなかにあって成長を遂げられる理由や事例は挙げられても、いざそれを実行に移せるかというと、話はまったく違ってくる。

縮小を続ける市場に踏みとどまる、海外へ打って出る、今ある技術で新たな市場を開発するなど、再生のためにはいくつかの選択肢が考えられる。だが当然ながらどれも一筋縄ではいかず、実現のためには数多くのハードルを越えていかねばならない。その成功に至るノウハウも、各社が試行錯誤のなかでつかんでいくもので、体系化されてはいない。

しかも中小企業においては、医療関係の会社数十社のM&Aを行って基盤を築いた富士フイルムのように、資本力を武器とした戦略はなかなかとれず、自ずと生き残りと再生のための選択肢が限られてくる。

このような厳しい状況のなかで改革をやり切り、再生から成長という果実を手にした中小企業の数は、ごく限られているというのが現状だろう。

本書の主役であるSANDO TECHのケースも、再生から成長への軌道に乗せた決して多くはない成功例の一つである。斜陽産業のなかで一時は倒産の危機に瀕しながらも、はたから見れば奇跡的ともいえるような再生を果たし、着実に成長を遂げてきた。

同社は和歌山県和歌山市に本社をおく繊維染色機械メーカーであり、創業は1920年という老舗企業だ。当初は製材木工機械の製造を事業のメインとしていたが、1948年に織物用の染色機械の製造を開始した。

「もはや戦後ではない」という合言葉のもとナイロン、ビニロン、レーヨンなどの新たな技術が続々と誕生した1950年代、日本の繊維産業は飛躍的に発展し、生産高はアメリカに次ぐ世界第2位まで伸びていった。それとともに会社も成長し、染色機械の分野で独自技術を次々に開発して地位を築いていく。

しかし1970年代から日本の繊維産業は勢いを失い、次第に厳しい状況に追い込まれていく。1970年こそ織物生産量がピークとなるも、翌年には、アメリカのニクソン大統領が金本位制を打ち切り、金とドルの交換を停止、それによりドルが暴落したニクソン・ショックが円高を招き、輸出の競争力が一気に低下した。

そんななかでSANDOはその卓越した技術力によって危機を乗り越えた。1972年には連続糊抜精練漂白装置「パーブルレンジ」が、生産工学、生産技術、生産シス

繊維染色機械1990-2020年生産実績推移　　（単位：金額＝100万円）

年度	工業会生産額	指数	SANDO生産額	指数
1990	52,408	100.0%	5,762	100.0%
1991	57,383	109.5%	4,558	79.1%
1992	49,246	94.0%	3,454	59.9%
1993	37,834	72.2%	3,358	58.3%
1994	29,435	56.2%	2,684	46.6%
1995	23,343	44.5%	2,921	50.7%
1996	25,193	48.1%	2,613	45.3%
1997	23,888	45.6%	1,917	33.3%
1998	15,388	29.4%	1,895	32.9%
1999	10,147	19.4%	1,554	27.0%
2000	11,910	22.7%	1,644	28.5%
2001	11,437	21.8%	1,605	27.9%
2002	10,480	20.0%	1,717	29.8%
2003	7,926	15.1%	1,196	20.8%
2004	6,281	12.0%	1,381	24.0%
2005	6,111	11.7%	1,198	20.8%
2006	5,647	10.8%	1,289	22.4%
2007	6,889	13.1%	1,389	24.1%
2008	7,636	14.6%	1,303	22.6%
2009	3,395	6.5%	952	16.5%
2010	4,841	9.2%	552	9.6%
2011	4,015	7.7%	638	11.1%
2012	3,056	5.8%	713	12.4%
2013	4,929	9.4%	1,204	20.9%
2014	6,386	12.2%	1,542	26.8%
2015	6,372	12.2%	1,559	27.1%
2016	7,699	14.7%	1,501	26.0%
2017	8,553	16.3%	1,688	29.3%
2018	8,095	15.4%	1,675	29.1%
2019	9,812	18.7%	1,270	22.0%
2020	5,495	9.6%	725	15.9%

著者作成　　※1990年の生産額を100%と定め、指数とする

テムなどの分野で学術進歩と産業発展に大きく貢献した業績に与えられる大河内記念技術賞を受賞し、「技術のＳＡＮＤＯ」として業界内の評価を確固たるものとした。

パーブルレンジは世界初の技術によって格段の精練機能を誇り、世界の他メーカーの追随を許さない技術で、これによってワイシャツなどの白度は格段に上がった。

だが、その後も二度のオイルショックによりエネルギー価格の高騰にさらされるなど、繊維産業のみならず、日本経済も打撃を受けた。

こうして国際的な競争力が弱まりつつあったところに、さらなる逆風が繊維産業を襲う。１９８５年には、ドル高を是正すべく先進5カ国による協調介入の強化が決まった「プラザ合意」によって、１ドル２４０円前後で推移していた円相場が1年もせずに１６０円にまで高騰した。

元来、輸出に大きく依存してきた繊維産業にとっては悪夢のような出来事だったが、一方でバブル期の好景気に後押しされた国内需要と国内メーカーの海外現地生産の急増が救いの神となり、バブル期の間はなんとか成長を維持した。しかしバブルが崩壊すると、頼みの綱だった国内需要が落ち込み、ついに繊維製品出荷額が減少に転じ、以来下降の一途をたどっていった。

それに伴って繊維機械の市場も同様の動きを見せ、ＳＡＮＤＯもまた苦しい時代に入ることになる。１９９０年には57億６２００万円あった同社の繊維機械の売上は、わずか5年で29億２１００万円とほぼ半減し、２０００年には16億４４００万円、２００５年には11億９８００万円と、全盛期の約5分の１まで落ち込んだ。

それとともに赤字が慢性化し、その額は２００６年の時点で19億円に達して経営が大きく傾いた。85年にわたって紡がれてきた会社の歴史が幕を下ろすか、と思われた時、ある人物の参画によって経営再建が実現することとなった。

第1章

赤字受注、止まった研究開発、粉飾決算……

非常識が〝当たり前〟になっていた老舗の繊維染色機械メーカー

好奇心から足を運んだ債権者集会

2006年1月、再建の立役者であり、現在は代表取締役社長を務める河井恒治が、あるコンサルティング会社から、「あなたが好きそうな難しい案件がある」と紹介されたのが、SANDO TECHだった。

彼は東京都東村山市出身で、1973年に大手機械メーカーに入社後、しばらく製造畑を歩んでいた。転機が訪れたのは1997年である。1995年の阪神淡路大震災が引き金となって倒産し、会社更生法の適用を受けた2社の機械メーカーの事業更生管財人代理となり、見事に再生を果たしたのをきっかけに、事業再生に携わるようになる。そして2003年には独立を果たし、現在までに7社の再建を成し遂げてきた「再生請負人」である。

驚くべきはその再生率の高さで、これまで関わった案件のすべてを成功に導いてきた。勝率3割ならそれなりに優秀ともいわれる企業再生の世界において、まさに異例の実績といえる。また、彼が再建を担ったいくつもの企業が、わずか数カ月から半年以内で万年赤字体質から脱却して黒字化に成功しており、そのスピードは目を見張るものがある。

当時の彼はちょうど手掛けていた会社の再建が終わったタイミングで、次に取り組もうと思っていた案件もあったのだが、「難しい案件」という言葉に好奇心を刺激されたと話す。

「仮に簡単に再生できるような案件があるとして、その会社で私がやるべきことは、たいしてないと思います。厳しい状況におかれた会社は、確かに内情はがたがたで立て直すのが大変ですが、一方で社員たちが危機感をもって一丸となって再建に向かうケースも多く、私としてもそのほうがよりやりがいを感じられるのです」

送られてきた資料には、これまでの再建で見慣れた厳しい数字が並んでいた。売上は下降の一途をたどり、赤字続きで債務超過の状態という、これまで再建を手掛けてきた会社と大きく変わらない状況であった。

当時、経営はすでに実質的に破綻しており、メインバンクから民事再生の申し立てを行うよう提案を受けていたが、経営者がそれを拒んだことから私的整理も視野に調整を続けていた。

債権者集会が行われることを知った河井は、試しに様子を見に行くことにした。

再生する企業の3つの条件

和歌山市の市街地を南北に流れ、和歌山城下と和歌の浦を結ぶ和歌川が海へと流れ込む数キロ手前の地に、老舗繊維染色機械メーカーのＳＡＮＤＯは本社と工場を構えている。

債権者集会に訪れた河井は、通常と同様に銀行主催の債権者集会かと思っていた。しかし、現場で主催していたのが整理回収機構の社員だったことに驚かされた。

整理回収機構とは、金融機関が抱える不良債権を整理・回収する組織であり、預金保険機構の全額出資により設立された団体である。バブル崩壊後、負債で首が回らなくなった中小企業の債権の回収で存在感を発揮してきた。ＳＡＮＤＯにおいては、これまで積み上がってきた地元のメインバンクへの負債を整理回収機構が引き受け、債権回収を主導する立場となっていた。彼にとっても過去に債務者側に立って幾度となく交渉をしてきた相手でもあり、その考え方や仕事の進め方をある程度理解しており、一定の信頼感も抱いていた。

債権者集会についても、整理回収機構の副社長が登壇して進めていき、彼はその話に耳を傾けていた。すると集会終了後、その副社長から直々に、「どうかよろしくお願いいたします」と頭を下げられて面食らうはめになった。

正直、興味本位で訪れたところもあり、まだ引き受けるとは決めていなかったが、副社長から直々に頼まれてはその場でむげに断るわけにはいかない。

ところが銀行の担当者からも「あなたが来るならば、再生に協力してもいい」と言われた。その言葉は、裏を返せば、「もし来ないなら、再生ではなく整理の方向で進める」という意味にも思えた。担当者も内心、黒字化は不可能だと考えており、河井の手腕に託したのは最後の賭けのようなものだった。

「自分が断ったら、きっとこの会社はなくなってしまう」と考え、心を動かされはしたが、軽はずみに即答することはできなかった。企業再生はいったん引き受ければ、そこで働く従業員たちのためにも、崖っぷちに追い込まれた会社の舵取りを、まさに魂をすり減らしながら行うことになる。一時の感情で引き受けるにはあまりに重すぎる決断だった。

そこで本腰を入れてＳＡＮＤＯという会社と向き合い、自分が役に立てるのか、本当に再生できるのか、について詳細に検討していった。彼がその可能性を判断するうえでの大きな基準は３つある。

一つは社員たちが、会社経営に対して不満という名のエネルギーをもっているかどうかである。仮に新しい経営者が外部から乗り込んでも一人では何もできない。結局のところ、会社を実際に立て直すのは社員たちであり、社員がどれだけ現状に疑問や危機感を抱いているかによって、改革に向かう力やスピード感が変わってくる。

次が技術であり、新たな分野に進出していく基盤となるような技術開発のポテンシャルを秘めていることが重要となる。

そして最後は、世の中や地域に必要とされているか、という点だ。会社は社会の公器であり、世の中から求められて初めて利益が上がり、役割を果たせる。そのニーズがあるかも見極めねばならないのだ。

「エネルギー、ポテンシャル、ニーズという3つがそろっていれば、どんな会社であっても立ち直る」と考える河井は、この会社はこれら3つの要素をもち合わせている、と感じた。社員たちへのヒアリングからエネルギーは十分にあると感じられ、また過去には「技術のSANDO」といわれ、大河内記念技術賞を受賞した実績から、ポテンシャルも期待できた。さらにニーズについては、確かに繊維産業は斜陽化していたがいまだにその市場は存在しており、それを支える繊維機械メーカーも求められていた。もしも国内に繊維機械メーカーがなくなってしまえば、国内繊維産業は保有する機械の保守すらできず、存続の危機に陥ってしまうのだ。

こうして再生できる可能性が高いと判断した河井は、最終的に会社再建を引き受けることにした。

粉飾決算でハードルが上がる

２００６年４月、河井はまず顧問という立場となった。しかし周囲の多くは、産業とともに衰退し、破綻寸前となった会社をよみがえらせるのは困難を極めると思っていた。再生の協力者であった銀行の関係者も「ここから黒字にもっていくのは不可能だろう」と見ていた。

最初の仕事は、整理回収機構からの依頼による再建計画書の作成だった。実はすでに外部のコンサルティング会社が作成した再建計画書が存在していた。にもかかわらず会社側、正確には旧経営陣は、自分たちの立場が悪化したり隠蔽（いんぺい）していたデータが表に出たりすることを恐れ、それを事実上無視して、特に改善策を実行することもなく経営破綻へと向かっていたのだった。

整理回収機構も河井も、自分たちの手で再建計画書を作り直す必要があると考えていた。外部のコンサルティング会社によって作られた再建計画書は、多くの場合、うまくいかないことを経験的に知っていたからだった。

経営が苦しくなると経営陣はそれを隠そうとするのが世の常であり、外部の会社に正確な数字を逐一報告するようなことはまずない。いくら腕のいいコンサルティング会社であっても、偽りや隠蔽があれば途端に再建計画書の精度は落ち、結果として信憑性の低いものになってしまうのだ。実効性のある再建計画書を作るためには、現状を正確に把握するのが第一歩となる。

ところが4月の段階では、それまでの経営陣が会社に残ったまま影響力をもち続けており、顧問となった彼に対しても冷ややかな目が向けられていた。当初はほとんど無視され、経理関係の数字も積極的には出してもらえないような状況だった。

そこで相談をもちかけたのが公認会計士・税理士である田淵正信だった。1996年、ある会社の更生手続きを通じて出会って以来、10年にわたって付き合いを続けてきた、最も信頼のおけるパートナーの一人である。

経理関連の数字を正確に把握していくための助力を請われ、それを快諾した田淵は、以降も会社の再生に深く関わっていくことになる。

当時、田淵が考えていたのは、数字だけでは会社の真の姿は見えないということだった。単に数字だけを集めようとしても、相手はいい数字だけを挙げてくる。しかし数字一つの裏にある事象や人の動きを追求し、実像をとらえることこそが必要なのだ。

一方、河井もまた、社員たちへのヒアリングを繰り返すことで、会社の真実にたどり着こうとしていたが、その過程で当時の経営陣が示していた数字に違和感を覚えるようになった。そこで現場の社員たちにいろいろと聞いていくと、実は過大計上している、という驚くべき話が飛び出してきた。いわゆる粉飾決算である。

その方法は棚卸資産に架空計上したような単純なものから、さまざまな方法で一目では判断できないようなものまで多岐にわたっていた。

企業再生においては、もしも事前のデューデリジェンス（企業調査）で粉飾が見つけられなかったなら、それがのちに再生の遂行を阻む壁として立ちはだかることがある。

決算書や試算表、仕訳伝票などに記載されている数字は、意図的につくられている場合がよくある。しかし詳細に検討することで、その数字が何か裏の事情を物語っていることに気づくこともある。それがなんなのかを知るために、何度も現場を見て、社員に話を聞き、そのうえでもう一度数字を眺めてみることが必要となってくる。

そう考えて直接の関係者だけではなく、その周囲の人々にまでヒアリング対象を広げていった。そうやって現地、現物に当たることを徹底すると、いくら巧妙に隠されていても、さまざまな問題が浮かび上がってくるものなのだ。

こうして会社の真実の姿が次第に明らかになっていき、それに基づいて河井も当初思い描いていた再建計画の大幅な修正を迫られることになった。

会社の再建を阻む、旧勢力との対立

一方、当時の会社の経営陣にとって河井は目の上のたんこぶだった。赤字続きでもなんとかごまかしながらやってきて、経営破綻に陥りはしたが再生という形で会社の存続が決まり、首の皮一枚つながった。それなのに突然外部からやってきた人間が、真実をほじくり出し、これまでの会社のあり方を変えようとするのだから、当然受け入れられるはずもなく、ただただ煩わしいだけだった。

さらに自分の立場を利用して好き放題やってきた人間にとっては、過去にやってきた会社への背信行為などが見つかり、責任を追及される可能性もある。彼の存在は経営陣にとっては疎ましいだけでなく、脅威となる存在だった。

実際に企業再生にあたっては、外部から来た人材がいる間はひとまずやりすごし、退任してから再び旧体制の復活を画策する人々が現れるのは珍しくない。だからこそ前経営者はなんとか居残ろうとし、それが叶わぬ場合には息のかかった幹部社員を社内に温存して勢力を保とうとする。おかげで改革はいっこうに進まず、最終的に破綻に至るケースが多いのが実情なのだ。

今回の場合は、社長交代および経営陣の退陣は既定路線であったが、実は河井が再建に着手した当初から、いずれ会社を去ったあとの後継者はすでに一族のなかの人間に決められていた。しかしその人物は社長になる気がなく、前社長はそうなれば実質今までどおりに自分が経営に携われると考えていた。

現実として社内には旧体制派が多数存在し、これまでどおりのやり方で経営を続け、自分たちにとって心地よい環境を維持しようとしていたのだった。

ただ当然ながら、経営破綻状態に陥っているのに今までどおりでいられるはずがない。仮にうまく外部から来た指導者を追い出したところで、赤字続きの体質がなに一つ変わらないなら、行きつく先は倒産しかない。どう考えてもそれ以外の結末はないにもかかわらず、変化を嫌いなんとか現体制を維持しようとする人々は、自分の都合ばかりを優先するあまり、会社の未来については思考停止に陥っているとしか思えない。

そのような保守勢力の存在が再生の大きな障害になるというのは想像に難くない。すなわちそうした人々をいかに会社から遠ざけるかというのも、企業を生まれ変わらせるうえでの一つの課題といえる。

こういった古い体質との対立は企業再生にはつきものだが、一方で現状に危機感を抱き、進んで改善に取り組もうとする「改革派」もまた必ず存在する。

会社の未来を憂える改革派の多くは若者たちが中心である。あと数年で定年を迎えるベテラン社員や上層部は変化を望まず、今後何十年も会社に残り続ける可能性のある若手や中堅社員が会社をより良く変えたいと望むのはある意味で自然な話といえる。

そして社員たちが変化を望むその気持ちこそが、会社を立ち直らせるために必要な「エネルギー」にほかならない。改革を実行してきた若き社員たちの言葉からも当時の状況や改革を求める気持ちがうかがえる。

【Nさん（2001年入社・技術部）】

新卒で入社したNさんは、希望していた技術部の機械設計部門に配属となった。当時の設計部門の人数は8人ほどで、その平均年齢は50歳以上、最も年が近い先輩もNさんの7歳上だった。一人が退職したら代わりの人間を入れるというような採用の仕方を続けてきた結果、組織内の高齢化ばかりが進み、新陳代謝ができずにいたのだ。

入社1週間ほどでNさんにはすぐに設計の仕事が回ってきたが、上司からの指示は思いがけないものだった。

最初に言われたのは、「基本的に図面はいっさい変更するな」ということで、そうすれば勝手に機械は完成するから、という理由だった。当時は営業部と製造部の力が強く、自分たちで固めた図面を技術部に回し、設計部門ではその確認を行う程度しか仕事をしていなかった。新たな機械の開発がまったくなく、何十年もモデルチェンジしていない既存製品を売るだけの体制だったため、仕事は定時で終わるのが当たり前で、残業をすることもほとんどなかった。

そうして指示されるままに仕事をこなす間にも、会社の経営状況は悪化の一途をたどり、2006年の社長交代へとつながっていく。だが経営の内情はいっさい下りてこず、Nさんは自社の状況についてほとんど知らなかった。社内のコミュニケーションも希薄で、別の部署の社員たちとの交流もなく、手に入るのは労働組合が発信する情報くらいだった。

ボーナスのカットも不景気のせいだとだけ思っていたNさんは、ある日、テレビのニュース番組で、自社の再建を知り、そこで初めて会社の危機を理解した。

「思えばその年の新年のあいさつで、社長が『うちはこのまま繊維機械を突き詰める』と発表した時、何も分かっていない、それではもう生き残れないという声が一部の社員から上がっていました。しかし現場のボスたちは変化を望まず、改革には否定的でしたから、社員たちは白けていた印象です」

【Fさん（1984年入社・技術部）】

日本が空前の好景気へと突き進む前夜ともいえるタイミングで入社したFさんは、技術部に配属となった。当時会社は営業部と製造部が中心となって回っており、立場の弱い技術部のFさんは、営業部から受注に際しての見積書の作成を依頼されたり、製造部からは設計図に基づく生産の指示や折衝を押し付けられたりするなど、技術部外の幅広い業務をこなすようになった。その頃は海外事業も順調で、Fさんもパキスタンの巨大な繊維工場に機械を納めるといった大型案件を担当し、海外を飛び回っていたという。

積極的に注文を取りにいかずとも仕事が来て、製造工場も出荷を待つ機械で埋まっている状況で、バブル崩壊後には受注こそ減ったものの、メンテナンスや海外案件などでなんとか仕事が回っていた。しかし2000年代に入ってさらに売上が落ちてからは、好景気下では見えなかった組織の課題が浮き彫りになってきた。

「社員がそれぞれ自分の領域、自分のやり方で仕事をしていて、業務の平準化や情報共有がほとんど行われていませんでした。仕事が減って業務を見直そうにも、現在誰がどんな案件をどこまで進めているのかが分からないため、手のつけようがなかったです。また新たな機械の開発や既存製品のバージョンアップもいっさい行われておらず、むしろ不景気になったから機械をコストダウンせよ、加工を簡略化せよといった話ばかりが飛び交い、結果として機械の質が落ちていたように思います」

一時は技術力で名を馳せながら、その開発魂や品質にかける思いがいつしか薄れてしまったことで、技術部よりも営業部が花形となって、何十年も前から変わらぬモデルを販売するほうに力を注ぐようになったというのが、2000年代の会社の姿であった。

なおFさんは、社長交代に至る以前から、会社の経営状況が悪化しているという情報を耳にしていた。しかし経営陣から経営に関する話が回ってくることはまったくなく、一方で業界内には当時のＳＡＮＤＯは危ないという噂が流れていた。取引先から、経営が厳しいと聞いたが大丈夫かと尋ねられ、外部からの情報で初めて会社の危機を知った。

【Mさん（1984年入社・営業部）】

Ｆさんと同期で営業部に配属されたＭさんの場合は、繊維機械の営業が業務のすべてであり、世間でも名を知られた大手繊維企業数社が大きな顧客であった。営業マンがメインで活動するのも東海地区が中心であったが、Ｍさんは新たな可能性を求め、北陸や中国地方などを回っていた。

バブル期は、織物の幅の基準変更に伴って各工場での機械の買い替えも多かった。また営業部が取ってきた注文に合わせて製造部や技術部が動いていたために仕事もやりやすかった。１９９４年くらいから徐々に仕事が減少していったが、営業部内には、今は仕事がないがいずれ戻ってくるという楽観的な雰囲気が漂っていた。

しかし２０００年代に入ると、Mさんは次第に危機感を抱くようになっていった。入社当時には売上は30億円、ピーク時には60億円に届こうかとしていたのに、それから10年で急激に落ちていった。

「個人的には20億円を切ったあたりで、これは本格的にまずいんじゃないかと思い始めました。業績の低下とともに営業マンの数も減っていきました。幾人かのベテランが定年退職しましたが、その際にも新たに人を補充することはせず、私がずっと最年少のまま高齢化が進みました」

Mさんは社長交代についても、日々の営業活動でほとんど会社にいなかったこともあって、直前になるまで知らなかった。以前にも経営コンサルタントを入れての立て直しが行われていたのは知っていたが、経営破綻に至るほどの重症だと分かって驚いたのだった。

【Sさん（1983年入社・営業部）】

営業部に配属となったSさんを待っていたのは、空前の好景気の時期で、国内では顧客が列をなし、営業をせずとも仕事が入ってきた。注文から納品まで1年半や2年かかることも多かった。

海外に目を向ければ、中国や韓国、そしてインドネシア、タイ、マレーシアといった東南アジアの国々に市場があり、各国を担当する営業マンが売りに行っていた。海外では巨大工場への導入もよくあり、規模も金額も大きかった。

当時の営業部にはノルマも目標もなく、それぞれが自由に仕事をしていて、それで問題なく成り立っていた。しかしそんな時間は長くは続かず、１９９０年代後半から会社の勢いは明らかに衰え、特に国内の売上が目立って落ちていった。

それでも営業部のあり方は変わることがなく、営業マンたちは自分が取ってきた案件にしか関わらず、組織立った動きのない状態が続いていた。

さらに資金繰りが悪化するなかで、経営陣の指示により、中国やアジア諸国で安い

SANDO TECHの2006-2007年の経営実績（営業利益）推移

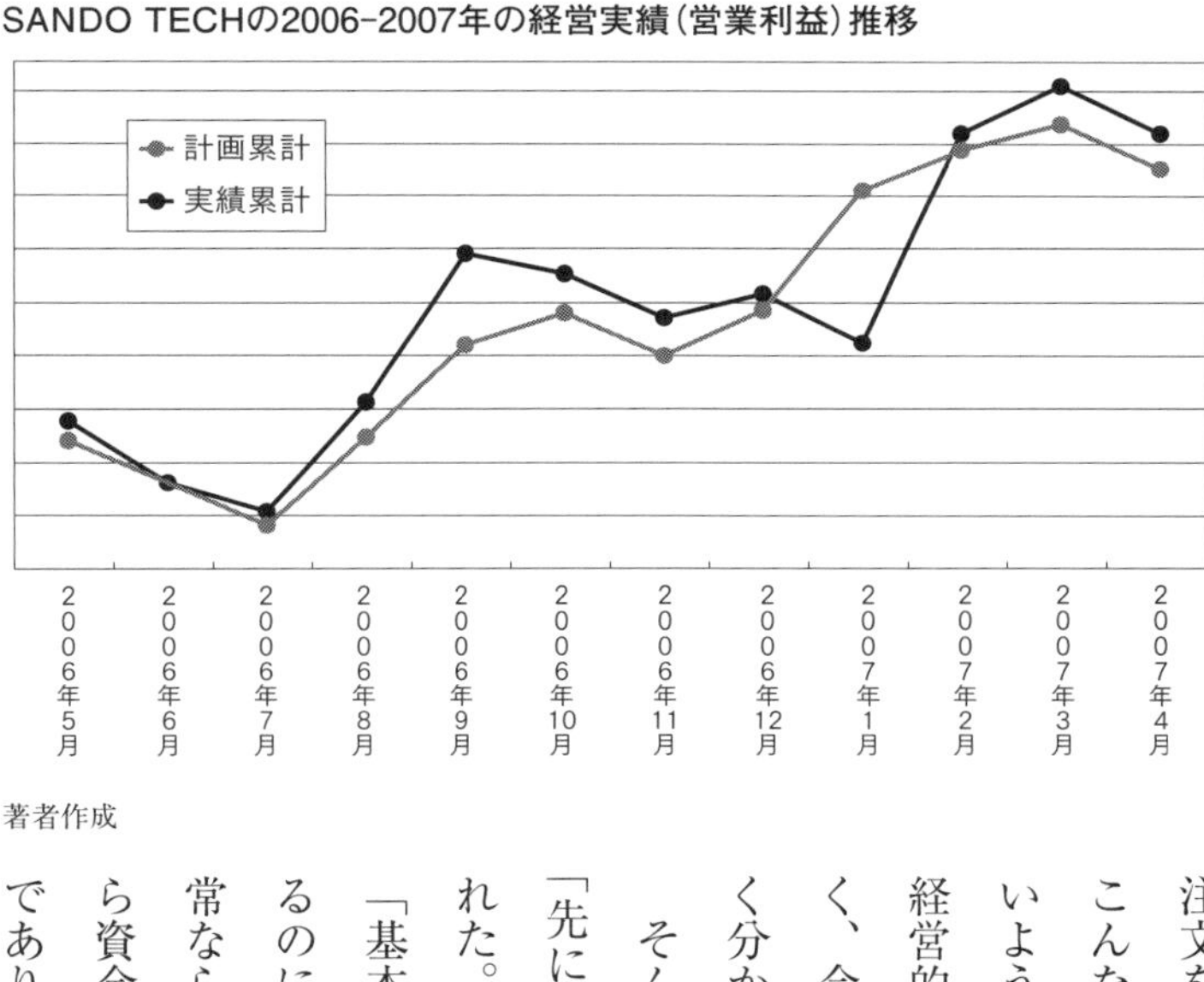

著者作成

注文をどんどん取るようになった。なぜこんな値段で売るのかとても信じられないような案件がいくつもあった。しかし経営的な数字や方針が示されることはなく、会社の現状や今後の方向性もまったく分からなかった。

そんななか、ある日Sさんは上司から「先に仮発注をもらってこい」と指示された。

「基本的にはオーダーメイドで機械を造るのに、正式契約を結ばずに進むなど通常なら考えられません。おそらく銀行から資金を引き出すための材料を作るためであり、そこから会社の経営状況に危機感を覚えました。同時期、主に海外市場で、うちの会社が危ないという話が出回りました。火元はライバル会社だったようですが、実際にボーナスもカットされ、営業部内でも不安が高まっていたと思います。社長交代も私にとっては寝耳に水であり、なんの目的で新たに社長が来るのかすら説明がありませんでした」

このような社員たちの証言をもとに、２００６年以前の会社の状況をまとめると次のような事実が浮かび上がってくる。

・全社的に高齢化が進んでいた
・技術部の立場が弱く、新たな開発は行われていなかった
・社員それぞれが自分のやり方で仕事をしており、情報共有やコミュニケーションがなかった
・経営が苦しくなってきた時期に、コストダウンにより機械の質が落ちた
・資金繰りのため、海外市場において利益度外視で機械を売り、赤字が拡大した
・経営陣は経営状況を社員たちに伝えていなかった

・社員は破綻についてもまったく知らされていなかった

このような状況は、斜陽産業のなかにあって経営が苦しくなればどの会社でも陥る可能性があるものであり、粉飾決算に至る土壌ともなる。これらの問題を解決して経営を健全な当たり前の状態に戻すというのも、再建を託された者に課せられた役割の一つであった。

過去の成功体験という〝思い込み〟が会社を潰す

数ある課題のなかでも特に河井たちが注視したものの一つが、何十年にもわたって新たな開発が行われてこなかったことである。

経営陣はかつての栄光にとらわれ、自社の既存の機械がどのメーカーのものよりも優秀であると思い込んでいた。そして今ある機械をうまく売っていきさえすれば経営は成り立つのだから、新技術の開発は不要、投資するだけ無駄になるという発想であった。その結果、営業部が会社の花形となり、技術部は肩身の狭い状況となっていた。

過去の栄光が深層心理に刷り込まれ、「こうすればうまくいく」という思い込みに変わると、そこから脱却するのは容易ではない。

例えば「待ちぼうけ」という童謡では、毎日汗水たらして働いていた農民が、ある日、木の根にぶつかって死んだウサギを手に入れる。何もせずに獲物を得たことに味をしめた農民は、それからは働くのをやめてしまって、また木の根にウサギがぶつかるのを待ち続けるという内容である。

また戦国時代、小田原の北条氏が、かつて城に立てこもる戦法で上杉謙信の攻撃を防いで勝利を得たことから、のちの徳川家康との合戦でも籠城戦を選択したものの、今度は兵糧攻めに遭い、敗北したという例もある。これもまた「これをやれば次も勝てる」という思い込みである。

映像ビジネスにおいても、過去に大ヒットした映画やドラマの続編や、同一ジャンル、同一シチュエーションの作品を作れば必ず当たると思い込んでしまうことも多い。しかしそういった安易な発想で制作された作品がヒットするのはまれであり、失敗に終わるケースがほとんどである。

過去の栄光はあくまでその時々の状況によってもたらされたものであり、時代であったり、周囲を取り巻く状況が変わったりすればまったく逆の結果となることも多い。にもかかわらず、人は成功体験に固執し、同じことがもう一度起きると勝手に思い込んでしまうのだ。

こういった思い込みにとらわれると、それを補強するような情報ばかりに目が行くようになり、逆に反目する情報や意見を軽視するようになっていく。極端な場合には自分にとって不都合な情報はすべて偽物だと決めつけていっさい無視するようなこともある。

この心の動きは、心理学において「確証バイアス」と呼ばれるものである。経営でも、過去の成功体験という呪縛に絡め取られると、自らにとって都合の良い見方でしかマーケットを眺められなくなる恐れがある。

バイアスがかかった状態になれば、自分だけでそれを取り払うのは非常に難しい。

周囲にその事実を指摘してくれる者がいれば、軌道修正が可能な場合もあるが、創業者によるワンマン経営や同族経営が長く続いている状況だと、恐れずに反対意見を述べるような人材がいなくなって久しいケースも多い。結果として過去の栄光に立脚した思い込みによる経営が展開され、組織から時代の変化に対応する柔軟性が失われていく。

「経営において、利益とは他社との違いからしか生まれません。したがって絶えず事業を見直し、ほかにはない新しさを追求していかねば、いずれ行き詰まると思います。新しい製品、新しい技術、新しい市場を常に開発し続ける必要があります。チャールズ・ダーウィンは、『種の起源』の中で、〝この世に生き残る生き物は、最も強いものではなく、最も知性の高いものでもなく、最も変化に対応できるものである〟と述べています。これは企業にもそのまま当てはまる法則です。諸行無常の世界と向き合い、時代の変化に対応し続けることで初めて、会社は50年、100年と存続していけると私は考えています」

この河井の言葉は、「過去にとらわれることなく変化を続けた先にしか、未来はない」という経営者としての哲学を確固としてもち続けていることを示している。これこそ経営者としての彼の本質であり、SANDOの再建においても、常に新たな技術の開発に力を注いでいくこととなった。

しかし当然ながら、新しいものを生み出すのはそう簡単なことではなかった。

第2章

社員の不満を「エネルギー」に転換し企業再生の原動力にする

改革の必要性を全社員で共有し、半年で解消した慢性赤字

社員に対する業績説明会で、経営をガラス張りに

2006年7月、河井は社長に就任し、翌月には整理回収機構および銀行から再建計画書が承認されたことで、会社はようやく本格的な改革への一歩を踏み出すこととなった。

社内には相変わらず、新体制に反目する勢力があった。ある人物は、新社長就任に伴って地元の商工会議所のメンバーがあいさつに訪れた際、わざわざ彼の前で「この人は2、3年すればいなくなる人間だから、言うことは聞かなくていい」と告げたという。

しかしこれまでの経験から、反発はあって当然であると分かっていた彼は意に介さなかった。そんなつまらないことにいちいち気を取られている時間はない。「鉄は熱いうちに打て」の格言どおり、企業再生は時間との闘いであり、最初が肝心だと考えていた。着手してから3カ月でどれだけ手が打てるかが勝負なのだ。

河井たち新経営陣は矢継ぎ早に新たな施策を打ち出し、同時並行で展開していっ

た。その結果、会社全体が少しずつ、変化の兆しを見せ始めていった。

すぐに実施されたのが、全社員に対する業績の説明会だった。自社のおかれている状況を包み隠さず社員たちに話し、協力を求めた。この説明会は以後毎月開催され、社員たちは常に自社の経営状況を把握できるようになった。

経営をガラス張りにすることで、社員たち自身が経営者目線で考えるようになり、同じ方向を向いて動けるようになる効果が生まれる。

河井とともに改革を実行してきた社員からも、「経営者目線が身について、コストについてシビアに考えるようになった」「業績説明会があったからこそ社員が危機感をもち一枚岩になっていった」「良いことも悪いことも隠さず共有されることで、同じ目標に向かって進みやすくなったと感じる」といった声が聞かれた。社長交代後に最も会社が大きく変わった点として、全員がこの業績説明会を挙げたほどである。

一方社長となった河井にとっては、ガラス張りの経営はトップとして権力を握る自らを律するためでもあった。権力の腐敗がもたらす結果をよく知る彼は、社員たちにすべてを明らかにすることで常に第三者の目を意識し、自らを戒めようとしたのだった。

業績説明会と併せて進めていったのが、社員間のコミュニケーションの改善だった。

部門間の交流を促すべく毎週実施するようになったのが部課長会議であり、各部門の部課長計15人により、情報や課題の共有が始まった。それだけではなく、各部より中堅社員を3人選抜してチームをつくり、組織全体の問題について検討したり、案件ごとに組織横断的にメンバーを募って協業を行うようにしたりと、仕組みによってコミュニケーションを促進していった。

そうして組織内で心の距離を縮めるのに加え、物理的な距離も近づけた。社長就任1年後、それまで社屋が分かれていた営業・総務・資材部と技術部を一つの社屋に集め、フロアの壁を壊して、自身を含め同じ空間にいられるようにしたのだ。その結果、社員同士が気軽に会話や打ち合わせができるようになり、かなりコミュニケーションが増えたという声も聞かれるようになった。

また河井自身も社員たちとの絆を深めようとアプローチを続けた。初期段階では、

支配型リーダーシップ／サーバント型リーダーシップ

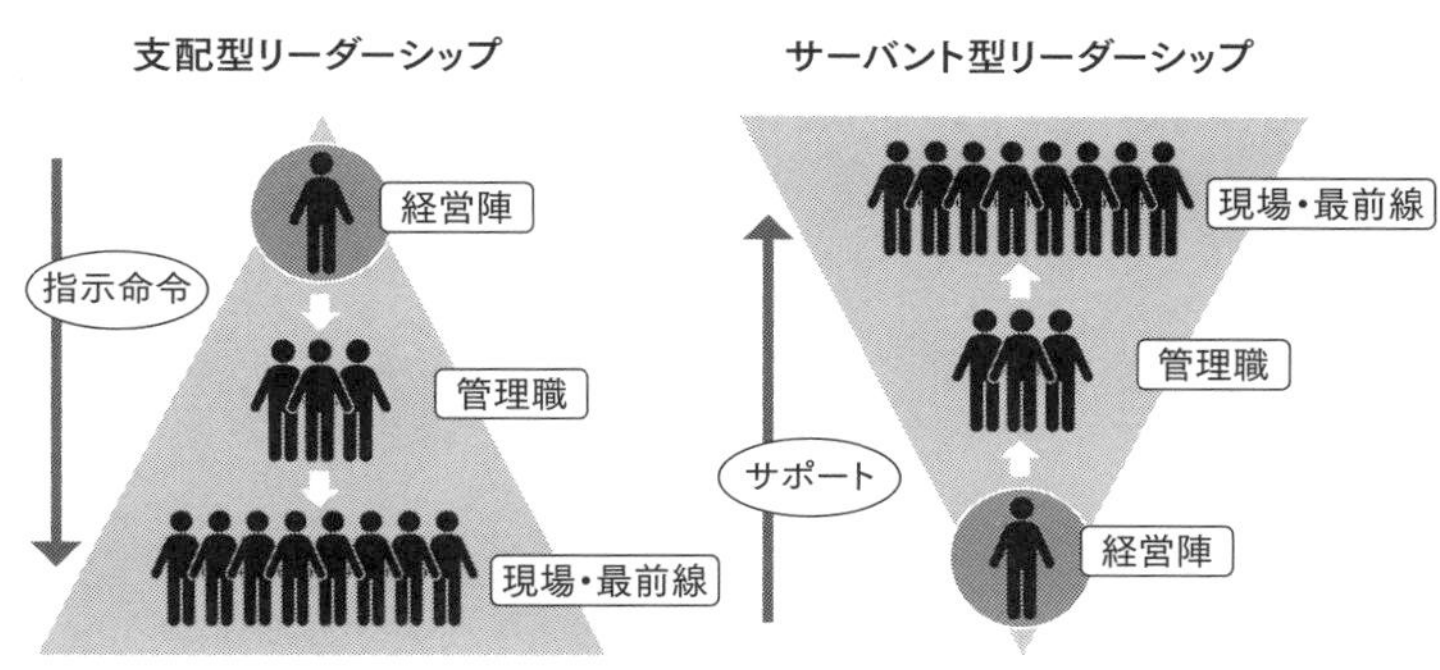

著者作成

飲み会を企画しても半分の社員からボイコットされたが、くじけず地道にコミュニケーションを重ねていった。

企業再生のなかで常に彼が目指すのは、「サーバントリーダー」という存在である。会社再建は社員たちの協力があって初めて成し遂げられるものだが、外部からやって来ていきなり強権的統治を始めても、協力は得られない。社員から信頼してもらうには、まずはこちらが懐を開き、社員たちの言葉に真摯に耳を傾けるのが大切だ、というのが持論だった。

サーバントリーダーとは、「リーダーである人は、まず相手に奉仕し、その後相手を導れる。

くものである」というリーダーシップ哲学の実践者であり、支援型リーダーとも訳される。

過去、日本の多くの中小企業では、経営者が強力な統率力を発揮し、トップダウンで指示命令を徹底させ、社員たちはそれに忠実に従うという支配型リーダーが主流であった。この2つのリーダー像の大きな違いは、コミュニケーションの取り方にある。支配型のように説明、命令で従わせ恐怖で支配するのではなく、社員たちの話に耳を傾け、意見を取り入れるのがサーバントリーダーである。そうして信頼関係を築くことで、部下は能動的となり、結果として組織は活性化するのだ。

企業再生でも、いわゆるコストカッターと呼ばれる支配型リーダーの経営者たちが、リストラを含めたコストカットを率先して推し進め、利益を出そうとする例が散見される。

確かにコストカットを断行すれば、一時的な利益を出せる可能性がある。しかし人員削減を伴うリストラや徹底した経費削減によって社員たちの気持ちは荒廃し、永続的な業績の成長は困難となる。それよりも、自らはサーバントリーダーに徹し、社員自らが積極的に改革を推し進めていくのが企業再生の理想的な形だと河井たちは考えていた。

人事制度を改革し報奨金を導入

初期の改革で、最も大きなターニングポイントといえるのが、技術開発の再開である。

技術が弱いメーカーには将来性がないと断言する河井の頭には、技術力の向上が大きな課題として存在し、社長就任前から技術部に対するヒアリングを実施していた。

和歌山城の近くのホテルに技術部の社員を集めて開かれたヒアリングでは、社員たちから単に話を聞くだけでなく、積極的に相談をもちかけた。それまで社内ですら全員が集まることはなかった技術部の社員たちも参加し、新社長が技術に関心が高いことを知り、励みになったという。

ある社員は、「この会社では過去にほかの会社にはない技術を開発してきたけれど、またそういうことができないか」と相談を受けたり、そのほかにも世の中にはどういうモノが必要だと思うか、今年のファッション業界ではこのデザインが流行しそうだが、その素材を作るにはどんな技術が必要かといった質問をされたりした。こういった行動に触れ、社員たちは「社長自身が技術を大切にする姿勢がひしひしと伝わってきた」と述べている。

そして社長就任後、2006年の10月からは月に1回、開発会議が実施されるようになり、会社は新たな技術の開発に踏み出していった。

そのほかの特筆すべき取り組みとして挙げられるのが、人事制度の改革である。

早々に成果給の導入を決め、理解を得られた国内営業管理職をまず対象として順次導入していった。制度としては、現状の給料の9割は保証し、残りの1割を成果給で支払うという形にした。加えて、営業会議を頻繁に行うようにして各人の案件の状況や営業ノウハウを共有したことも営業力強化につながり、すぐに受注が伸び始めた。

また全社員に対しては、計画を上回った分の利益のうち25%を対象として報奨金制度を導入した。結果として一人あたり月に2万～3万円の収入アップにつながり、社員たちのモチベーションが高まっていった。

しかしその一方で、こうした変化を快く思わない社員も依然存在しており、ことあるごとに反旗を翻した。例えば営業部の幹部社員は、河井が出張への同行を求めると、「あなたとなど、行く気はない」と明確に拒否した。

このような行動をとる社員のすべては前社長の腹心で、しかも部長以上の立場にあった。会社としては彼らにも平等にチャンスを与え、行動を変えるよう促したが、彼らは改革には積極的に参加せず、指示にも従わず、むしろ自らの部下である中堅や若手社員の改革への意志を挫(くじ)くような行動をとるようになっていった。それを受けて、中堅や若手社員からは幹部たちに対する不満がどんどん湧き出てきた。

この状況に、河井たち経営陣としてもやむを得ず、降格や配置転換など対抗策をとることで組織内における彼らの影響力をそぎにかかった。ただし、リストラつまり解雇という強硬策だけはとらなかった。それでは社員たちの反発を買い、さらにモチベーションの低下をもたらすなどの理由から、再生後の成長が望めなくなると考えていたからである。社長交代から半年が経つ頃から、部長クラスの反対勢力は次々と自

SANDO TECHの2006年と2023年の年齢分布

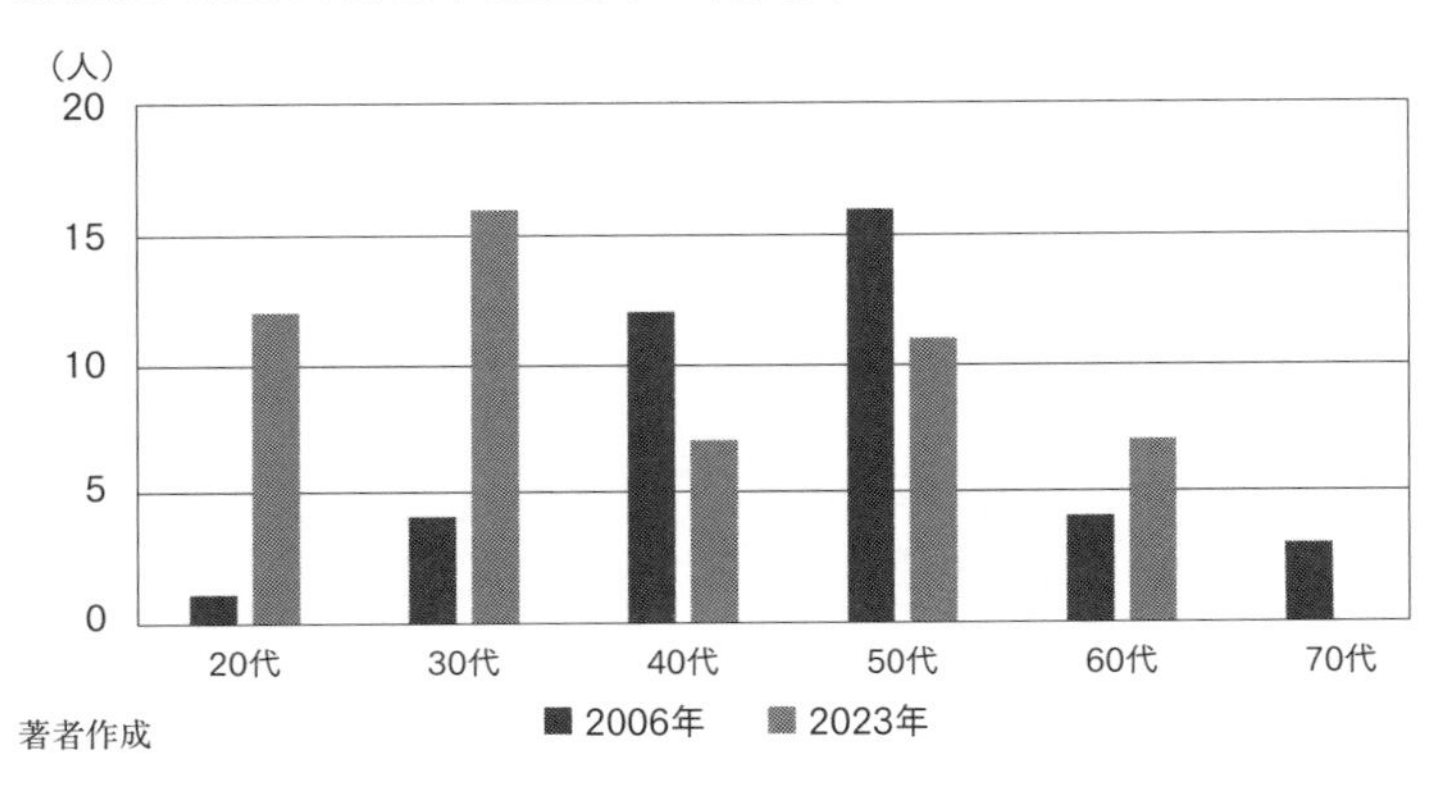

著者作成

ら退社していった。

業績が回復すれば、当然ながら仕事も増える。しかも中堅や若手社員はやる気に満ち、率先して業務に取り組み、残業も辞さぬ構えである。ひっきりなしに来るようになった業務をすべてこなし、かつ部下たちの先頭に立って組織を導くというのは、仕事に対する熱意とそれなりの能力がないと難しい。

こうして旧経営陣とともにこれまで築いてきた、重役たちにとって心地よい環境は完全に失われ、さらに管理職としての実力を問われる状況に追い込まれた結果、それについていけずに退職という選択をする社員が何人も現れたのだ。

「組織に悪影響を与える旧勢力を排除するには、結局のところ業績の向上が最も近道なのです。業績が上がれば、トップとしての影響力が増して人事改革も進めやすくなりますし、新たな環境についていけない人や、少しでも楽をしたい怠け者は自然に辞めていくものです」

そう語る河井たち経営陣はこれを機に組織の新陳代謝を狙い、2007年に19歳、28歳、30歳という3人の社員を新たに会社に迎え入れた。それにより、高齢化が進んでいた会社の平均年齢は、51歳だったのが48歳となった。以後も引き続き、会社の若返りを進めていくことになる。

管理会計で「現在の金」の流れを追う

一方、経理面では、田淵の力を借りながら管理会計の導入に取り掛かった。

旧経営陣が雇っていた顧問税理士は78歳と高齢で、どの部門でもどんぶり勘定が当たり前となっており、正しい会計のあり方とはほど遠い状態だった。

管理会計は大企業を中心に導入が進んできた会計手法である。経営戦略と密接に絡む会計手法であるため、経営が不安定化しやすい中小企業こそ、むしろ採用すべきだと河井は考えた。

経営で重要なのが、自社の現状分析だ。現状が分からなければ課題も見えてこず、未来に向けた戦略が立てられない。管理会計の目的の一つは、会社の現状を示す数字やデータを集め、経営判断の材料とするところにある。

例えば月ごとの業績評価や事業別、商品別の会計情報、部門ごとの採算性といったデータは、会社がどんな状態にあるかを示すものであり、経営陣はそうした数字をもとに「今期の利益をもっと高めるには何が必要か」「より生産性を上げるにはどうしたらいいか」といった判断ができるようになる。

中小企業で採用されている会計手法といえば財務会計や税務会計であり、そのなかでも売上をはじめとした経営に関わる数字が出てくる。ただ、そもそも管理会計と財務・税務会計では、その目的が異なる。

財務会計は、財務諸表を用いて株主や取引先、債権者といったステークホルダーに報告するためのものであり、税務会計は税金を計算して税務署に対して申告する。これらは外部に伝えるという性質上、法も絡んだ共通ルールに基づいてとりまとめる必要がある。一方の管理会計は主に社内向けの資料であるから、意見に基づいたアレンジも可能で、その時期の会社の課題や目標に合わせて自由に指標や集計方法を設定できる。

そしてまた、財務・税務会計では事業年度で動いた「過去の金」のみを取り扱うのに対し、管理会計では、「現在の金」の動き、そして「先々の金」の予測を追うのが大きく違う。財務・税務会計では決算書を見れば、確かに資産や負債、キャッシュフローなどが分かるが、経営上の具体的な課題は見えづらい。不採算部門がある場合、マイナスとなっている原因が分からなければ、次に打つべき手も決められない。その点、管理会計で部門ごとの採算性に関わる細かな数字を把握していれば、どこかがマイナスに振れた時点で修正に着手でき、そもそも不採算に陥るのを予防できる可能性がある。

このような管理会計のメリットは、経営に苦しむ中小企業にこそ広く知ってほしいところであるが、導入するにあたってはそれなりの準備が必要となる。なぜなら、経営者が指標を設定し、それを具体的に経営者が把握できる仕組みも構築していかねばならないからである。

社長交代後から、社内では生産や原価の管理体制の構築を始めるなど、管理会計導入のための基盤づくりが進められた。また、旧体制のもとで精緻とはいい難い会計を続けてきた経理部のメンバーを入れ替え、外部から熱意ある新たな社員を積極的に迎え入れるなどして、経営管理の体制を整えていった。

「SANDOの機械は昔から一緒で、魅力がない」

社内改革が進んでいく一方で、会社としては顧客との信頼関係の立て直しが急務となっていた。実質的に経営が破綻寸前で銀行管理となり、経営陣を総入れ替えしたことによる信用不安は、想定をはるかに超えるものだった。前社長は5年以上にわたってほぼ顧客に顔を見せておらず、それが信用の低下に拍車をかけていた。また海外では、ライバル会社によって「ＳＡＮＤＯは銀行管理下におかれており、あと数カ月で会社は整理される」と噂が流されるようなネガティブキャンペーンが行われており、沈静させる必要があった。

また社長交代の際には「新社長は今の繊維染色機械事業から撤退する」と国内顧客だけでなく海外（特に中国）の顧客にも吹聴していた。

こうした信用不安を拭い去ろうと、河井は精力的に顧客を訪問していった。自らが社長となってからの10カ月間で、国内１３５社、海外45社を訪れ、出張は85日にも及んだ。そうやって地道に顧客回りを続けた結果、ライバル社の噂による風評被害は次第に収まっていった。

ただ、だからといってまったく安心はできず、むしろそこからが本番だった。これまで技術開発を怠ってきた結果、すでにＳＡＮＤＯのメーカーとしての評価は落ち、競争力を失っているという厳しい現実があった。

しかも社長就任1年目から回った中国では、訪問先のトップから「ＳＡＮＤＯは日本のメーカーなのに、なぜ中国メーカーのまねをするのか」と言われた。１９９０年代に多数の機械を中国に輸出し、中国メーカーがコピー（特に外観）したものが出回っていたのだ。

旧経営陣は、新機種の開発や機械のバージョンアップには消極的で、毛焼機や糊抜精練漂白装置などの主力機種ですら30年以上も前に出たモデルをそのまま売り続けてきた。それどころか経営が苦しくなってくると、コストダウンの名のもとに品質を下げていた。

社内には技術部が存在するのに、旧経営陣の意向によって開発はいっさい行わず、営業からは「設計は俺たちの言った図面を出せばよい」と言われて、受注した既存織維染色機械の製図ばかり行っていた。

その結果が、「ＳＡＮＤＯの機械は昔から一緒で、魅力がない」という市場の評価であった。

国内では、新規改良していない自社機種は自社の機種の中古品と競合しているような状況だった。海外でもバージョンアップしたヨーロッパ製の機械が市場を席巻し、自社の機械はやはり競争力を失っていた。

なにをさしおいても、既存機種のモデルチェンジや改良によって、他社製品に劣らぬ性能をもった新製品を生み出すことが、会社再建のために急務であった。

そこで社内では技術部が中心となって開発会議でアイデアを出し合い、議論を重ねた。それと併せて、技術者たちが積極的に繊維業界の展示会に赴いて、繊維関連の機器の最新技術や国内外のライバルメーカーの機械について、現実を知り、そのうえで既存機械の見直しを進めていった。

その間にも営業部は顧客回りを続けていたが、信頼が回復してくるにつれ、大きな変化があった。顧客の側から「こんな機械を作れないか」といった相談を受けるようになったのだ。SANDOの繊維染色機械にもニーズはしっかりとあったのである。

2008年には顧客の依頼に応じ、国内での新規分野でビニロン紡糸用水洗機を生産した。これは新方式の機械のため、製作する過程で当時の製造幹部からは否定的意見もあったが、河井たち経営陣は推し進め作り上げた。

生産方式としては片持ちロールによるもので、結果的に会社の新たな技術習得の機会となった。ビニロンはナイロンから遅れること2年、1939年に世界で2番目に作られた日本初の合成繊維である。アスベストの代替材として世界的に需要が出てきていたこともあり、機械単価としては創立以来の最高額となった。

そのため会社としては今後も継続していくことを期待したが、その後、顧客は生産工場を廃業したため、残念ながら単発に終わった。しかし、この技術は同じような産業用紡糸用として水洗機のみならずほかの加工用途にも拡張することができ、大きな財産となった。

また、開発会議で掘り起こし、特許申請中であったオゾン漂白や、すでに特許取得済みの低温プラズマ処理について、水を使わぬ技術である点に評価が集まり、総合商社などから熱心な引き合いが来た。ある商社は、「費用をもつのでオゾン漂白の実験機を開発してほしい」と依頼してきたほどだった。しかしこれらの実用化には、技術面での課題が山積し、人的リソースも足りず、当時の体制では対応できなかったため、この話もまた自然消滅した。

結果としてビジネスにはならなかったが、そうして取引先から新規開発の相談が来るようになったというのは、なによりの吉兆であった。

「新事業は10回チャレンジして一つ当たればいいほう」と語る河井と会社は、以後も新たな開発依頼に積極的に挑戦していき、それが一時はさび付いた技術力を再びよみがえらせるきっかけとなっていった。

慢性赤字を半年で黒字に変えた魔法の正体

会社が「技術のＳＡＮＤＯ」の名を取り戻すためには、それまで存在感を発揮する舞台がなくクリエイティブとはいえぬ業務にいそしんできた技術部の社員たちに、本来の力を発揮してもらう必要があった。

そこで会社は、技術陣を社内という狭い世界から外へと連れ出し、世の中がどうなっているのかを学ばせることにした。外部の研修や他社との意見交換、そして顧客のもとへと連れていくことで、刺激を与えたのだ。併せて、技術部が実力をつければ会社の未来がどう変わるのか、河井は自らの夢を社員たちに語った。

それにまず呼応したのが、若い社員たちだった。続いて中堅社員たちに火がつき、その火は徐々にベテラン社員にも広がっていった。

技術部の社員たちのすべては、もともとモノづくりが好きで、情熱をもって入社してきている。これまでにない技術の開発というミッションが与えられて、燃えないはずはなかった。

結果として、技術陣の多くが積極的に仕事と向き合うようになっていった。

この現象は、なにも技術部に限った話ではない。経営がガラス張りになり、現状に危機感を抱くと同時に、自らの仕事や所属する部門の業績がどのように経営とつながっているのかが分かって、社内の各部署の社員たちに主体性が生まれていた。営業部にはインセンティブが付き、成果を上げれば報われる体制ができたことで、日々の仕事に対するモチベーションが上がった。

こうして河井たち経営陣が矢継ぎ早に打った施策によって、組織全体が活性化していった。そしてその成果は、すぐに数字に表れた。新社長就任から半年で、慢性化していた赤字が解消され、黒字に転じたのだ。以前の会社の姿を知る者からすれば、まさに奇跡であった。

いったいどんな魔法を使ったのか、と改革を間近で見てきた田淵ですら信じられない思いだった。しかしそれは決して特別な手段をとったわけではない。

まず実施したのは、会社の現状を社員全員に分かる形で開示し、皆に協力を求めることだった。現場の声を聞くべく、社内では社員一人ひとりにヒアリングし、会社の問題点を聞いたうえで各人の協力を頼んだ。そして再建計画承認後から社員全員対象のコミュニケーションの場も定期的に設けた。

もう一つの現場である社外でも、国内外問わず戸別訪問しSANDOに対する評価と市場の動向を聴取した。海外は特に中国中心に実施した。その理由は、市場規模は大きいのに営業担当者が70歳代と高齢で、国内ライバルのK社と受注獲得で争っていたためだった。

また、ライバルや納入先からのネガティブな話が国内外顧客に流布していたため、これにより解決すべきことが明らかになった。まずは向かうべき方向を社員に示し、再建に半信半疑だった金融機関に支持されるためにも黒字化を目指した。そしてこのためにすべきことを挙げ、受注・売上・損益（個別採算も含む）を社員に示したのだ。

河井は個々の受注金額や限界利益について詳しく頭に入れていた。そこで案件別受注管理（直接原価、限界利益）、受注採算管理、固定費予算管理、限界利益率管理など、各担当者が関わっていたこれらのデータを毎月更新し、幹部社員で情報共有するようにした。全社員にも毎月、受注と利益の情報を共有し、全社一丸となった会社の前進が始まった。そしてこれらの情報収集と管理を、社長と担当常務が日々緊張感をもって続けていた。

一方で工場の整理整頓、清掃といった職場環境づくりも徹底した。こういった普通のことが、それまでこの会社では行われていなかった。当たり前のことを当たり前にやっただけのことで、結果として業績が一気に上向いたのだ。

「企業は人なり」とは、昔からいわれてきたことである。企業再生にあたっても、主体となって会社を立て直すのは経営者ではなく社員たちであり、その現状に対する危機感や不満を、改革のエネルギーに転換することができれば、それだけで業績は劇的に改善するのだ。

「魔法でもなんでもなく、社員たちが本来もっているエネルギーを引き出すことだけです。改善できることは社員自身が知っている。全社員が前向きに燃えていったことで想定以上の改善速度と効果が出たということです。具体的個別項目ではなく、ラグビーのようなものです」

この言葉こそが河井と会社が推し進めた改革の本質であった。

社員たちで考えた経営方針

ＳＡＮＤＯはこうして黒字転換した。それは再生の一つの過程にすぎず、最終ゴールではない。国内での繊維産業の斜陽化は相変わらず歯止めがかからず、繊維染色機械の市場環境は厳しくなる一方である。そのなかでどう生き残り、かつ持続的に発展させていくかという課題は、いまだ大きな壁となって立ちはだかっていた。

ただ、実は河井に対する整理回収機構のメインオーダーは、黒字化であった。その目的をすでに果たした今、あとはやりかけの改革をある程度形にしたら、彼は社長の座から降りる心づもりをしていた。この会社には長くても3年、それが仕事を引き受けた時に抱いていたイメージだった。

2007年には、会社として改めて経営方針を明文化し、組織のさらなる一体化を目指すこととした。ただしこの方針はトップによる宣言ではなく、各部門から選ばれた社員たちと話し合って、その意見をもとに決められた。

顧客の声を謙虚に聞き、全社員が一丸となり、オリジナリティーを追求し、オンリーワンを目指す。その結果として、社会から愛され、働くことの喜びを得る。

このスローガンのもと、他社とは異なる機械を市場に供給し、社会の一員として、取引先、金融機関、社員、地域社会などすべてのステークホルダーの役に立つことで、企業の存続と持続的な発展を目指すことがSANDOの方針となった。

また同時期に、会社のロゴマークも変更した。これまでの「山東鐵工所」という社名が前面に出た従来のマークでは、新規の取引先への営業のなかで業務内容が鉄工関

会社ロゴマーク

連と勘違いされることがよくあった。また、若手社員からは「古く小さな工場を連想させる」と不評であり、求人の際にも不利であるという指摘もあった。そこで、若手を中心に新たなロゴを検討し、現在の英文を使ったロゴに決定された。

営業部では、それまではなかった数値目標が定められるようになった。それは経営陣の指示ではなく、現場の営業マンたちの意見を聞いたうえで最終決定されたものだった。

こうして社員たちの声に丁寧に耳を傾け、意見を採用しながら進んでいくというのも、サーバントリーダーを理想とする河井の経営の特徴といえる。そのためには、当然ながら社員とのコミュニケーションが重要になってくる。

若手社員だったSさんは、休憩中にふらりと喫煙室にやってきて、社員たちに気さくに話しかける当時の彼の姿を覚えている。本人はたばこが好きではないのに、それほどコミュニケーションを大切にしていることに驚いたと振り返っている。さらに社員の話もよく聞き、そこで聞いた意見を取り入れてくれたことに感謝していると話す。そのおかげで、各人がばらばらに動いていた以前の状態から、一つの課題に対しみんなで決めてみんなでやろうという現在のスタイルに変わっていったのだ。

さらに彼は現場にも積極的に足を運んで直接、改善を進めていった。

機械の技術に詳しく、現場のこともよく分かっているので、コスト削減や発注の仕方の指示など非常に細かいところまで指摘が入ったという証言もある。また、問題が見つかれば、その解決はもちろん次に同じミスが出ないよう、体制の見直しやチェックのルール化といった仕組みを入れていくことで、社員たちもより業務をしやすくなっていった。

その結果、技術や製造の現場でコスト意識が大きく変化した。かつてのどんぶり勘定は、社長が直接、確認に来て徹底的に指導していったことで、それぞれが気を配るようになったのだ。

コスト管理は、経営においても大きな課題と位置づけられていた。前年から管理会

SANDO TECHの実績原価表

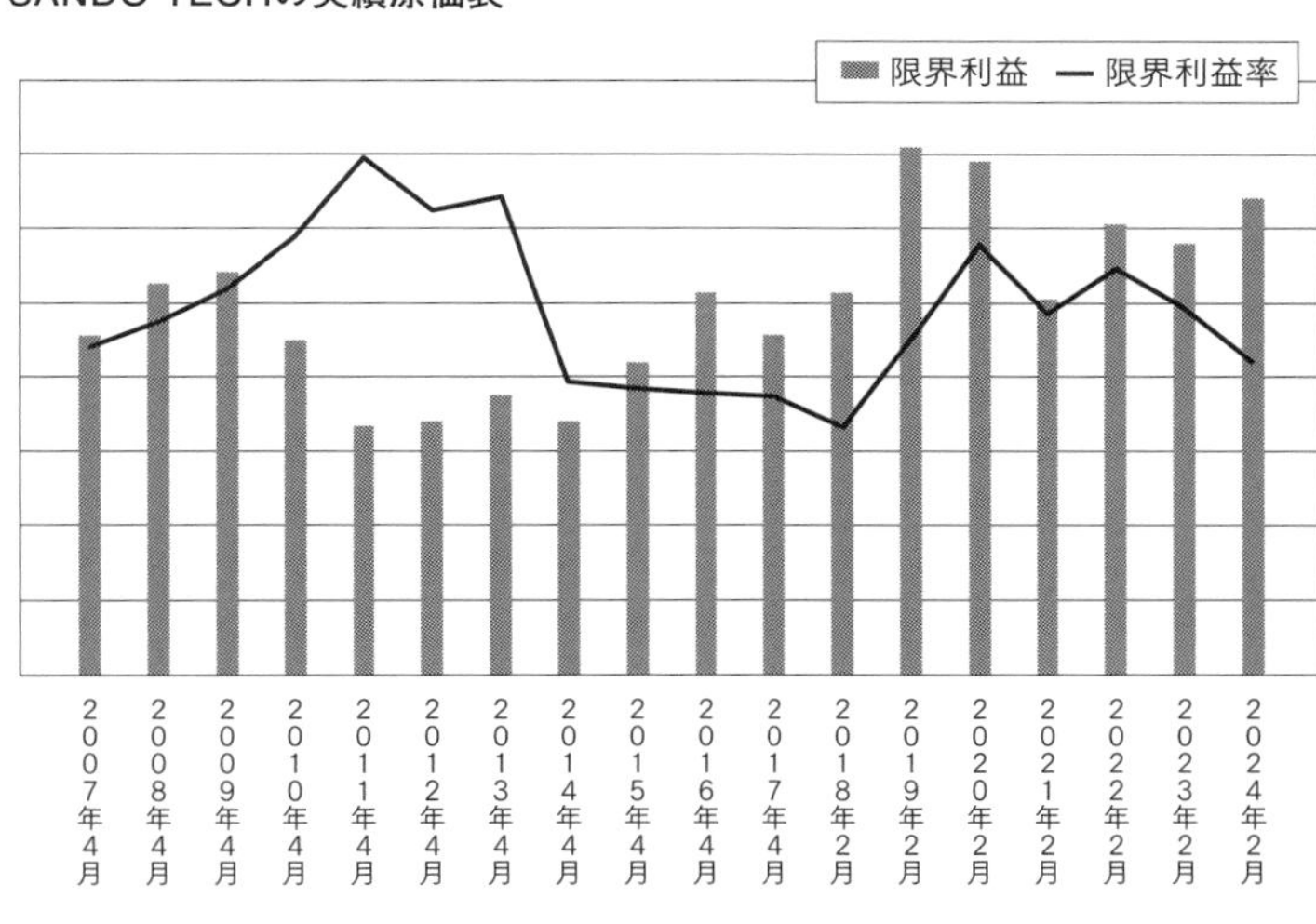

著者作成

計の導入を目指し、受注ごとに詳細な原価管理および限界利益管理を行う体制をつくろうとしていたが、いまだ完璧とはいえなかった。

そこで河井自身が現場に赴いたり、期間限定で専属の担当者をおいたりして、実際に生産で使用した部品・材料の数量、取得の際の単価、費やした作業時間などを積算し、売値に対する直接原価、限界利益、内部費を算出して実績原価をつかんでいった。こうして実際にかかるコストを細かく把握することが、今後の受注単価、発注価格や設計コストの決定、実行可能な予算計画のもととなり、ひいてはコスト削減と限界利益のアップにつながっていくことを、彼は経験的によく理解しており、それはまた社員たちにもきちんと伝わっていった。

さらに営業活動でも、従来の習慣をあるべき方向へと変えていった。以前は、たとえ値下げをしてでもとにかく仕事を取ってこい、という雰囲気だったが、河井は就任時からずっと、「値段が合わないものは断っていい」と明言していた。

「本当に仕事が欲しい時期にそれを貫いていたので、ぶれない芯の強さを感じました。昔は社長や上司も含めて〝お客様は神様〟という風潮が強く、できる限り相手の要求を受け入れ、頭を下げながら仕事をもらっていたように思います。私はそれが不満でした。しかし社長は、お客様とはパートナーとして対等に接し、理不尽な要求に対してはきっぱりと、それは違う、そんなことは無理だと言ってつっぱねてくれ、うれしかったです」

そういった社員の証言もあるように、社員たちも皆、新たな経営陣による社内の改革を歓迎し、またその哲学を理解して実行していったことが、会社再建の最も大きな原動力となったのは間違いない。

売上重視か、利益重視か

詳細なコスト管理の実施や、分の悪い仕事は受けないという判断は、実は河井がもつ哲学の一つと密接に紐づいたものである。

「売上よりも、利益を重視する」というのが一貫した経営スタイルであり、だからこそ黒字化には強いこだわりをもち、「何がなんでも黒字化する」ことを企業再生に乗り出すうえでの絶対条件として自分に課してきた。そして黒字化後も、未来を決めるような重大な局面に際し、利益を一つの指針としていくつかの経営判断を下していった。

数ある経営的指標のなかでも、特に気にかけているのが、「限界利益」と「限界利益率」である。これらは利益重視の経営においては外せない指標であり、再建着手時から経営陣は限界利益と限界利益率の増加に努めていた。

事業で売上をつくるには、まず商品を用意しなければならない。そのための費用は、その性質により「固定費」と「変動費」に分けられる。

固定費は、一定期間で必ず発生し、売上とは関係なくかかってくるものを指す。例えば社員の給与や福利厚生費、設備の減価償却費、事務所の家賃、光熱費などが該当する。一方の変動費は、売上と比例して増減する費用であり、原材料費や仕入原価、販売手数料、運送費などがこれにあたる。限界利益には、この変動費が大きく関係してくる。

限界利益とは、売上高から変動費を差し引いた直接得られる利益のことだ。例えば駅の立ち食いそば店で、かけそばが1杯300円で売られ、その材料費が60円だとする。材料費、すなわちかけそばを提供するために使う食材は、そばが売れた杯数に応じて増えていく変動費である。かけそばの例で示すなら、売上高から変動費を差し引いた300円-60円、つまり240円が限界利益となる。

この1杯あたりの限界利益の数値が会社の利益を考えるうえでの一つのベースとなる。数字が大きいほど売れば儲かり、逆に小さければ儲けは少ない。ただ、実際には

限界利益と固定費の関係性

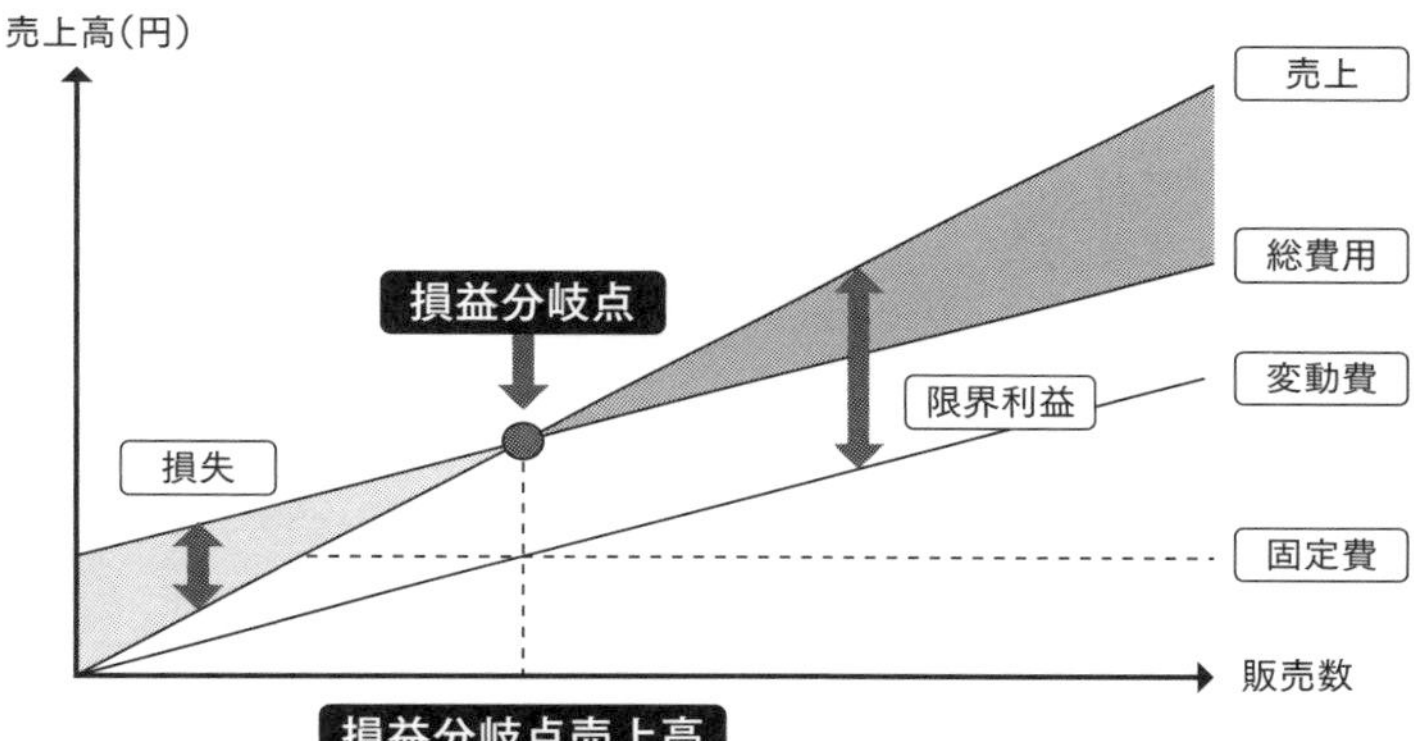

著者作成

当然ながら限界利益がそのまま儲けとなるわけではない。立ち食いそば店なら、人件費、家賃や光熱費といった固定費が必ず発生してくる。限界利益の合計額が固定費を上回って初めて、営業利益が上がる。

限界利益率とは、売上に対する限界利益の占める割合を表したものであり、限界利益を売上高で割り求める。かけそばなら、1杯あたりの売上は300円、限界利益が240円であるから、限界利益率は0・8、つまり80％であると導ける。ここからも限界利益の数字が大きければ大きいほど比例して収益が増すことが分かるため、限界利益を一つの指標として、その事業を続けるか、もしくは価格の設定を見直したり、変動費を抑えたりするか、検討することが重要となってくる。

また売上と総費用が等しくなり、損益がゼロとなるタイミングを「損益分岐点」と呼ぶ。これは赤字と黒字の境目を示す重要な指標である。立ち食いそば店であれば、人件費、家賃、光熱費など、売上に関係なく発生する固定費に加えて、売上に比例する材料費といった変動費に区分することができ、損益分岐点売上高は固定費÷｛1－(変動費÷売上高)｝で計算することができる。

限界利益率はその商品の収益性を示し、割合が高いほど「稼ぐ力が強い」といえる。もし立ち食いそば店でうどんも提供しており、価格はそばと同じ300円ながら材料費が50円であったなら、限界利益は250円、限界利益率は83％であり、そばよりもうどんのほうが収益性が高いといえる。

この考え方をもとに、売上重視と、利益重視の経営手法について比較してみる。例えばここにA、Bという2台の機械があると仮定する。

Aは売値が50万円で、その変動費は20万円、限界利益は30万円、限界利益率は60％

で、Bは売値120万円、変動費が90万円、限界利益は30万円、限界利益率が25%である。

売上を追うなら、120万円の機械をたくさん販売したほうがいい。しかし利益を追うのであれば、より限界利益率が高く稼ぐ力の強いAの販売に力を注ぐべきである。

それぞれ100台販売した場合、売上ならAは5000万円、Bは1億2000万円とBに軍配が上がるが、限界利益でいえばAが3000万円、Bも3000万円と、同等である。しかしBの1億2000万円の売上を実現する場合と、Aの5000万円の売上を実現する場合の経営的負担は大きく異なり、人件費や家賃、設備の減価償却費等の固定費はBのほうが大きくなる傾向がある。したがって限界利益の総額（ここでは3000万円）から固定費を差し引いた営業利益はAのほうが大きくなると考えられる。

利益を出すことで会社は継続していく。その意味で事業とは利益を出すためのものであるから、本質からすればBよりもAを売ろうとする利益重視の経営を行うべきである。しかし現実としては、「売上さえ伸ばせば自然と利益は増えるだろう」という発想で、一つでも多くBを売ろうとする経営者も多いと考えられる。

特にBのような取引は、仮に翌月入金の場合、資金繰りを考えた際も魅力的である。ただ、それはあくまで一過性のものであり、会社の未来を考えた場合にその判断が正しいとはとてもいえない。経営者としては目の前の現実を踏まえたうえで、未来に目を向けた経営をすべきである。

経営者が陥りがちな売上信仰

この事例どおりだったのが、旧経営陣による会社経営だった。ともかく限界利益がゼロになるほどの値下げを行い、固定費を差し引けば赤字になるにもかかわらず、資金繰りと銀行説明のためになんとか売上をつくろうとする、それが会社を深刻な経営危機に陥らせたのだ。

そのような極端な思考の背景には、売上信仰とも呼べる価値観が見え隠れする。

日本では昔から、売上がその会社の格を表すものとする風潮がある。経営者同士でも、売上100億円、1000億円という数字を自社と比べ、格上、格下と判断する傾向はいまだに根強いように思う。そんな価値観のなかにあれば、経営者が売上ばかりに固執し、その数字を上げたくなるのもうなずける。

また、売上さえ見ておけばいいという発想でいるほうが楽でもある。帳簿上の売上が立っていれば大丈夫と考えるなら、原価や経費を細かく見る必要はなく、コスト管理や経理の知識もほとんど不要となり、どんぶり勘定でもいいことになる。社員たちへの指示も、「昨年は売上5億円だったから今年は6億円を目指す。だからあと何台売ってこい」とはっぱをかけ続ければそれで事足りるのだ。

こうした姿勢で経営をしていると、売上信仰に陥った挙げ句、利益という大切な数字に目が行かなくなってしまう。また営業マンも安易に流れ、安売りに走りやすくなる。

本来であれば、売上は会社の優劣を分けるものではない。売上が多いからといって、必ずしも利益が多いわけではなく、どれほど名の知られた大企業であっても利益

利益を生み出すための考え方

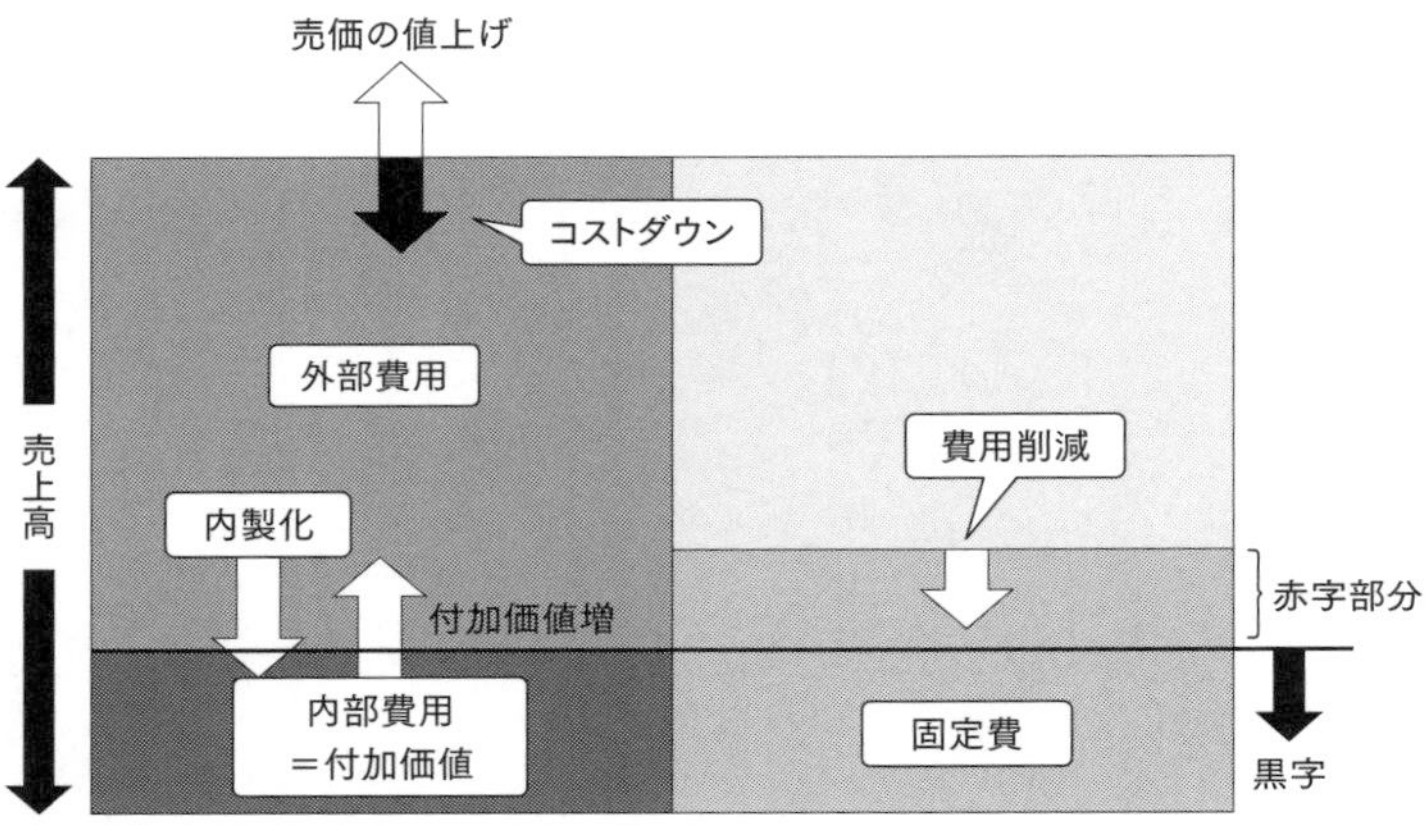

著者作成

が出せなくなれば倒産する。例えば小売業界で一世を風靡（ふうび）し、一時6兆円もの総売上高を誇ったダイエーも、経営難に陥ってイオングループの傘下に入った。

河井が目指すのも事業拡大による繁栄ではない。関わった会社が、自らが離れたあとも何十年と継続していく、それこそが彼の願いであり、事業継続のためには売上拡大より利益を出せる体質になることが重要だと考えるからこその、利益重視でもある。

もちろん売上も経営指標の一つであり、無視できるものではない。問題は「売上ばかり追う」ことにある。売上を伸ばそうとすると、人件費や燃料費といった固定費が増えていく。また、売るために値下げをすればその分、限界利益率が下がっていく。限界利益率が低いということは儲からないということになる。したがって売上ばかり追っていると、忙しいけれど儲からないという状況に陥ってしまう恐れがあるのだ。

そうならないためにも、売上を伸ばすべき特段の理由がない限りは、利益重視の経営を心掛ける必要がある。ちなみにここでいう売上を伸ばすべき理由とは、例えば新製品を新たに市場に出すとき、新技術で新しいマーケットに挑戦するときや、自社の営業マンをどんどん現場に出して鍛えるため、あえて利益よりも売上を重視したり、まずはユーザー数を増やして認知度を高めてから、改めて利益の出る構造に事業をブラッシュアップしたりするといったケースである。

河井たちとともに再建に尽力した田淵も、利益重視の経営方針の裏付けとなる管理会計の重要性を指摘している。

「利益を重視するなら、受注案件ごとに得られる直接的な利益を示す限界利益や、最終的に会社全体でどれだけの儲けが出るかを示す限界利益の総額、限界利益率、固定費の額は、一つの重要な鍵となる数字であり、そのもととなる変動費や固定費はできるだけ精緻に算出すべきです。管理会計によって会社の実態を正しく数値化するには詳細な受注ごとのコスト管理ができる体制が求められます。だからこそ河井さんも、現場を回ったり専任担当をおいたりして、実態の把握に努めたのです」

技術を磨いて未来を切り拓く

こうして足元の数字に細かく目を配りつつ、河井たち経営陣は中期的な会社の経営戦略も明確に思い描き、会社もまたその方向へと方針を転換させていった。

既存の繊維染色機械分野では現行製品のバージョンアップや新たな機能の開発を行う。それとともに新規分野への進出を模索し、技術を武器に、成長が期待できる大きな市場に打って出る。そんな方針で会社は再生への道を進んでいった。

会社の将来を見据えたとき、〝技術と省エネ〟がキーワードになるという考えに基づき、経営陣も国内の既存分野については、斜陽化している綿織物に対する積極営業はせずに残存者利益を狙い、成熟分野であるデニムは現状維持とした。一方、海外についてては、綿織物市場は拡大を続けていたため、既存機械のモデルチェンジや改良などで拡販を狙っていった。

また社内では新入社員などが中心となって開発した新型毛焼機、繊維染色機械関連技術者全員による新型水洗機の開発、さらにIoTを活用した特定顧客へのサービス体制など、社員たちは会社が培ってきた技術をさらに発展させて実現していった。

さらに新分野への参入は、顧客の側から思いのほか、技術開発の引き合いがあったため、事業計画を上回るペースで進んでいった。挑戦することになった新規分野のなかでも期待度が高かったのが、自動車のシートベルトに柄をつける、連続印刷機である。

これは世界初の試みであり、いまだ市場は存在しなかった。もし自社が開発した新技術が世界中の車のシートベルトのスタンダードとなっていけば、会社が飛躍的な成長を遂げることになる、夢のあるプロジェクトといえた。

この案件は大手自動車部品メーカーから直々に依頼されたものだった。

近い将来、自動車はＥＶ（電気自動車）が主流となるため、車内のデザインも変わり、シートベルトについてもウェブで好きなデザインを選べるような時代が来るはずだ。そこでインクジェット式の連続印刷機を作ってほしいといったメーカーの意向を受け、そのメーカーと大手家電メーカー、そしてＳＡＮＤＯの3社で、２００7年より開発が始まったのだった。

まず試作した初号機は、これまで染色機械分野で培った技術をいかんなく発揮したもので、すでにそれなりの実力があった。初号機は高く評価され、次号機はインライン（工場のラインに組み込む形）で開発することとなった。そしてインラインでの導入を前提として、初号機のコンパクト化という課題が与えられた。

しかしインラインとなると、話は大きく違ってくる。もし課題をクリアできれば、世界各地に存在する製造工場のラインに組み込まれることになる。その市場規模は、10年以内で１００億円と予測され、いまだ予断を許さぬ経営状態改善の強力な追い風となるのはまず間違いなかった。

ただし本格生産が決まれば、今の規模では生産が追いつかず、設備の新設や人材確保が必要となる。クリーン化など製造現場の環境も整えねばならない。先方のトップ肝煎りの事業であったから、導入が正式決定される可能性も高かったため、会社としてもその見通しが立った時点ですばやく投資を行えるよう、準備を整えていた。

ところが、この希望に満ちたプロジェクトは予想外の形で終焉（しゅうえん）を迎えた。開発自体は順調に進んでいたなかで、その自動車部品メーカーのトップが交代した。それをきっかけに量産化にストップがかかり、結局は構想自体が白紙に戻ってしまったのだ。

落ち込んでいる暇はなかった。ほかにも開発依頼は次々と舞い込み、形にすべきことが山ほどあったからだ。

この時期から取り組んでいた主なプロジェクトとして挙げられるのが、炭素繊維をはじめとした合成繊維の新素材に関わる機械の開発である。翌年の完成を目指して動いていたが、仕上げるにはさらなる技術の高度化が必要だった。

こうした新たなチャレンジを続けることで、たとえ事業が頓挫しても、そのなかで培った技術が会社の財産として残る。シートベルトのインクジェット式連続印刷機に関しても、東京モーターショーでスズキのモデル車に採用されるといった動きがあった。

電気自動車において、自動運転の技術がより進歩すればハンドルすら不要になる。そうすると車内の空間は居住スペースに近づいていき、よりデザイン性が求められるようになるかもしれない。自動車部品メーカーのトップが言ったように、車内デザインは大きく変わっていけば、今後もＳＡＮＤＯの技術が求められる可能性は非常に高いといえるだろう。

第3章

技術の「ポテンシャル」を引き出すための決断

大胆な先行投資で勝負に出たリーマン・ショックの危機

リーマン・ショックにより売上が半減

2007年、アメリカの金融市場はサブプライム問題に揺れていた。発端となったのは、「サブプライムローン」と呼ばれる高金利の住宅ローンの拡大だった。これらのローンは、信用スコアが低い借り手や収入が不安定な借り手向けに提供され、その分高い金利が課せられていた。

多くの金融機関は、与信基準を緩和してこのローンを提供したため、高リスクにもかかわらず多くの借り手に広まった。同時期に低金利政策も実施され、住宅ローンの利用者がさらに増えていたのも、問題を大きくした。

住宅に対するニーズが高まった結果、価格は高騰し、不動産市場は一時バブル状態となったが、その後ローンの返済を続けられなくなった借り手が続出し、大量の債務不履行が発生した。そこで差し押さえられた住宅が市場に流れたのに加え、適正価格以上に不動産が高騰していたのもあり、不動産価格は急速に下落していく。

大量の債務不履行と不動産の暴落により、多くの金融機関が巨額の損失を被ることとなった。さらにサブプライムローンは、抵当証券として金融商品と組み合わされ、それを投資銀行や金融機関が世界中で販売していたのも問題に拍車をかけた。

結果として、アメリカの金融危機は国内から世界へと飛び火し、連鎖反応で多くの銀行が破綻に追い込まれ、各国政府は多額の公的資金の注入を余儀なくされる。

そして2008年には、投資銀行として長い歴史をもち、世界的にその名を知られていたリーマン・ブラザーズ・ホールディングスが、およそ6000億ドルともいわれる巨額の債務を抱え、経営破綻に追い込まれた。金融市場ではさらに信用不安が高まり、世界経済に大きな影響が出る事態となった。

この「リーマン・ショック」によって世界的な大不況が起こり、その影響をもろに受けた日本でも輸出が減少し、製造業や輸出関連産業が大打撃を受けた。また急激な円高が進行したことも、輸出を軸とする企業の利益をさらに目減りさせる大きな要因であった。国内の金融機関にも信用不安が広がり、一部機関が苦境に立たされることとなった。そうした緊急事態を前に、多くの企業で新規設備投資の中止やリストラが断行され、失業率が上昇していった。これはまるで1930年代の世界恐慌の再来か

SANDO TECHの2005-2012年の売上推移

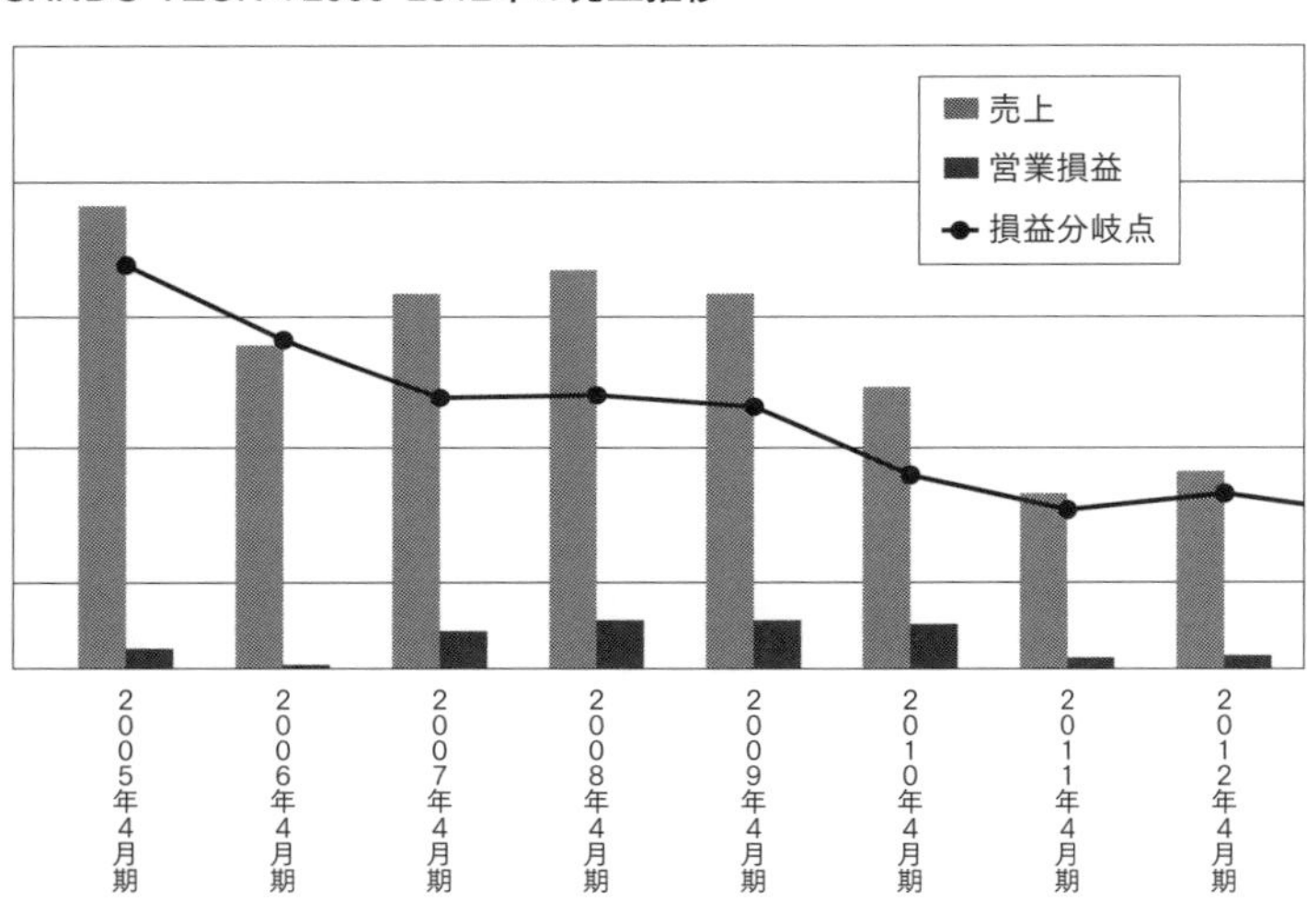

著者作成

といわれた。

繊維産業も大きな影響を受けた業界の一つだった。多くの日本の繊維企業はグローバルなサプライチェーンをもっており、材料や部品の調達を海外で行っていたが、その一部が滞ることになった。繊維製品の主な輸出先であったアメリカやヨーロッパでの需要が低下し、関連企業の売上が落ちていった。

それに伴い、国内外で設備投資の中止や見直しにより、会社の経営を直撃した。リーマン・ショック直後は受注がまだ残っていたが、２０１０年には6億４２００万円と、２００８年の13億９３００万円から売上高は半分以下に急落することになる。

続投のきっかけとなった還暦祝い

２００８年9月のリーマン・ショック発生時から、すでに会社の業績にも影響が出て、第３四半期より低迷が始まった。そうして直接的にダメージを受けたのは、主に海外との取引であった。この頃、売上のうち6～7割は海外市場から得ていたのが仇となった。

もちろん河井たち経営陣もただ手をこまねいていたわけではない。ここまで進めてきたコスト管理の徹底によって、細かな原価の把握ができるようになったのを活かして、全社を挙げて原価低減活動に取り組んだ。調達についても、それまで和歌山県内にとどまっていたところから大阪や兵庫など他府県にも手を広げ、品質を保ちつつ少しでも安い調達先を開拓した。

一方でこれまで力を入れてきた新規開発もやめなかった。リーマン・ショックでも比較的被害が少なかった不織布市場などの新規産業資材分野に対し、引き続きチャレンジを重ねていった。

しかしこうした努力と裏腹に、顧客企業の設備投資の大幅な縮小や見直しは止まらなかった。受注残がゼロになった時点から既存機械に関する仕事が大きく失われるのは確実で、しかも新規参入分野もいまだ事業の柱とするには遠い状況にあった。

そうしたなか、河井にはタイムリミットが迫っていた。再建時に整理回収機構より課せられたミッションを達成し、会社立て直しの初年度（2006年度4月決算）から3年連続黒字化を実現した今、本来であればいつ会社を去ってもよかった。3年という契約期間もすぐそこまで来ていた。

多くの社員たちの意識改革に成功し、この会社の未来を支えていく次世代の技術の種もまいてきて、やるべきことはやったと考えた彼は引き継ぎの時機を見計らっていた。ところがそこに、100年に一度ともいわれる世界規模の大不況が襲ったのだ。

2009年3月、還暦の年の誕生日の朝、河井はいつもと変わらぬ時間に出社した。するとそこには、すでに事務所の全員が集まっており、「おめでとうございます！」と社員たちが総出で還暦を祝ってくれたのだった。

サプライズに感動しつつも、彼はこの誕生祝いの主催者が誰なのかすぐにピンときて、その顔が思い浮かんだ。それは後継者として会社を引き継ぐ予定の人物だった。

彼は周囲から半ば強引に次期社長を命じられたものの、会社を継ぐことには非常に消極的だった。当然の話だが、黒字化したとはいえまだ借金があり、しかも斜陽産業を主戦場とする中小企業を、不況下で自分から継ぎたいと思う人はそう多くはないはずだ。彼にはなに一つ非があるわけではないが、とにかく現社長の続投を切望していたのだと思う。そして、なんとか会社に残ってもらうためのアプローチの一つとして、誕生祝いを発案したに違いない。

確かに未曽有の世界同時不況の渦中に、意に反して会社を継がされる人物をトップに据えた新体制へと移行するのはリスクがあった。再び赤字転落すれば、今度こそ会社を整理する方向に動く可能性も大いにある。そうして会社がなくなってしまえば、社員たちのこれまでの努力のすべてが無に帰すことになる。

すでに気心が知れた社員たちもまた、彼の続投を望んでいた。「これはもうやらざるを得ない。この困難を社員たちとともに乗り越えていく」と河井は腹をくくった。そしてこの日を境にその役割は、黒字化による再生から、会社を末永く持続させるというフェーズに移っていくことになったのだ。

新規事業の推進で、組織の新陳代謝が進む

まずは目の前に迫った危機を乗り越えなければ会社の存続は望めない。２００９年の繊維機械業界は、生産量も輸出量も半分以下に落ち込み、非常に深刻な状態にあった。

生産の減少が大きい順に見ると、前年に比し紡績機械で61・９%、準備機械59・８%、織機59・６%、染色仕上げ機械55・５%、化学繊維機械53%と、広範囲にわたってその影響が出た。会社の顧客であった国内染色仕上げ業界は、市場の急速な低迷および低価格化によって需要が急減し、重要な顧客が廃業に追い込まれた。こ

2003-2020年繊維機械業界生産減少比率

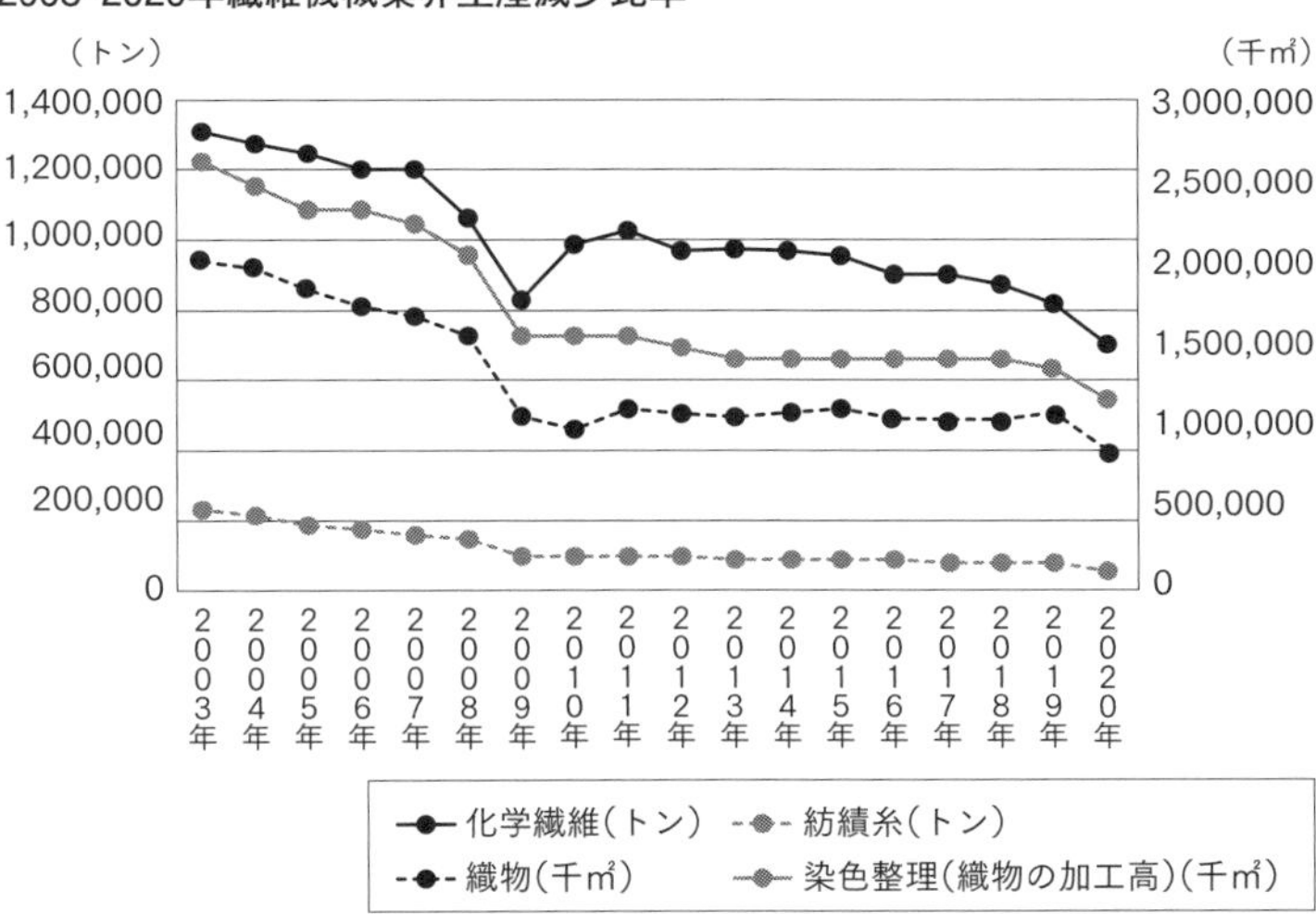

経済産業省資料より作成

れまで最後の砦（とりで）として持ちこたえてきた国内デニム市場も不況の高波を受け、高級デニム需要が大幅に下落して設備投資も急減した。

まさに壊滅的な状況であった。

そして最大の問題は、この悪夢がいつまで続くのか見当がつかないところにあった。未来が五里霧中のままでは、経営者として打てる手にも限界がある。また社員たちの間にも不安が募っていき、職場への愛着や仕事に対するモチベーションが消えかねない。

会社にとっても河井個人にとっ

ても精神的に苦しい時間が続いていたが、こんなときにこそ経営者は、社員たちが未来への希望を失わぬよう、道を示さねばならない。

SANDOにとって、その道こそが新規事業であった。リーマン・ショック前から積み上げてきた新たな開発の数々は、社員たちの希望の道しるべとなっていた。

しかしその一方で、「こんな状況なのに、いつ芽が出るか分からない新規開発などやっている場合ではない」という声も上がった。それでも河井たち経営陣は、そうした意見をきちんと聞き入れながらも、新たな事業へのチャレンジを継続していった。

「新規開発に対しては、既存事業との兼ね合いもあり、限られた人的リソースしか割けずにここまで来ていましたが、既存の仕事がほとんどなくなって社員たちの手が空く今こそ、新たな分野に本腰を入れるいい機会でした。たとえ危機をうまく乗り越えても、そこから先に進むには新たな技術が求められると考えていましたし、やりがいを感じて取り組んでいる社員も多くいるように思えました。不景気で苦しいから、反対されたからといって、未来への投資をやめるわけにはいきません」

この河井たちの固い決意は決して揺らぐことはなかった。その一方で、結果的に仕事が減ったことに加え、先が見えない不安を抱えた社員や、新規事業の推進に反対する社員が、会社を去っていった。

なおこの時に退職した社員たちのなかには、旧体制の流れを汲み会社の改革やスタンスに反対を示してきた、変化を望まぬ人々も含まれていた。こうしてリーマン・ショックをきっかけに、一人のリストラをすることもなく、自然に組織の新陳代謝が進んでいった。

ただ、将来に対する不安を抱いているのは、会社に残っている社員たちも同じであった。このまま会社がなくなったらどうなるのだろう、という社員個々のネガティブな気持ちを払拭し、全員が一丸となって危機に立ち向かう必要があった。

会社とは、社会の公器である

そこで河井たち経営陣は社員たちに、改めてこの会社が目指す姿を伝えようと決意した。どんな状況になろうが、それに立ち返りさえすれば自分がすべきことが見えてくる、そんな経営理念をつくろうと決め、制作に取り掛かった。
経営理念とは本来、その会社の存在意義が示された、いわば魂とも呼ぶべきものである。その場の思いつきや、経営者の都合で簡単に決めるようなことは当然、許されない。河井たちもまた、会社の未来を思い、自らがそれまでの人生で得てきた知識や経験、そして哲学をもとに、自らの理想も加えて想いのたけを注ぎ込んで言葉を紡いでいった。
そうして生まれた「SANDO基本理念」には、河井の経営哲学のすべてが込められており、その後の会社のあり方を左右するものとなる。

【SANDO基本理念】

私たちは会社を取り巻く関係者に対して「4つの責任」を負う。すなわち、私たちは会社が社会の公器であることを認識する。特に会社に属する社員とその家族、そして、その後に続く未来の社員とその家族が会社を誇りに思うようにしなければならない。

そのためには、時代の流れの先を読み、変わることを恐れずに挑戦し続ける風土をもった会社とせねばならない。

責任の第一は、私たちの製品およびサービスを使用していただく繊維や産業資材分野のお客様、そして、それら商品を使用していただくお客様に対するものである。

・私たちは、お客様の立場に立って考え、お客様が潜在的にもっているニーズまで汲み取り、お客様の喜ぶ姿を想像し、その解決のためにすべての活動を注がねばならない。

・お客様に認めていただいた適正な価格を維持するため、私たちは製品原価を引き下げるため不断の努力をしなければならない。

・私たちの取引先には、私たちと取引することで喜んでいただけるものでなければならない。

責任の第二は、私たちを構成する全社員に対するものである。

・個人としてお互いに尊重され、その尊厳と価値が認められることにより、やりがいをもって仕事に取り組むように配慮しなければならない。
・待遇は公正かつ適切で、自由闊達に発言できる環境にしなければならない。
・家族に対する責任を十分果たすことができるよう配慮しなければならない。
・能力ある人々には、雇用、能力開発および昇進の機会が公平に与えられねばならない。

責任の第三は、私たちを支えていただいている社会に対するものである。
・資源・エネルギーの節減、リサイクル促進等に努め、限りある資源を大切にし、地球環境の改善に努めねばならない。
・良き市民として、適切な納税を行うとともに、地域社会の発展に貢献しなければならない。
・国内外の法令やルールおよびその精神を尊重し、遵守しなければならない。

責任の第四は、会社の存続に対するものである。

・事業は健全な利益を生み続けねばならない。
・新しい製品およびサービスを市場に導入し続けるため、常に新しい考えを試みねばならない。
・研究・開発は継続され、独創的かつ革新的なものでなければならない。
・逆境の時に備えて準備を怠ってはならない。

この「SANDO基本理念」には、トップが心得るべき経営の本質がいくつも含まれている。最も重要な部分の一つが、「会社は社会の公器である」ということである。これはパナソニックグループの創業者であり、経営の神様とも呼ばれた松下幸之助が好んで用いていた言葉である。

「企業は、社会が求める仕事を担い、次の時代に相応しい社会そのものを創っていく役割があり、そのためにはトップのみならず、あらゆる職階において、本来の経営が機能しなければならない」

河井もまたこの考え方に深く共感し、自らの胸に刻んで企業再生を行ってきた。

会社とは、経営者のものではない。あくまで社会に帰属するものであり、社会への貢献がその存在意義、使命である。そして公器としての役割を果たすには、まず会社が存続するのが大前提となる。社員たちの雇用や、企業活動によって世の中をより良く変えること、税金を納めること、地域に尽くすことといった社会貢献は、当然ながら会社がそこにあってこそ可能となる。

経営においても、リストラや協力会社に対する過度なコスト削減要求などはしない。社員の雇用、地域全体の利益を守るのが、公器としての役割だからだ。

また河井は、経営においてのるかそるかのギャンブルを嫌う。その時々の経営判断の裏には、必ず根拠となる数字、データがある。投資に関しても、失敗すれば業績が赤字に転落しかねないような選択はせず、黒字にとどまる範囲内で行う。借金の増加を好まず、いつでも返せる額の資金調達しかしない。

「派手な勝負をせずとも、当たり前のことを当たり前にやっていけば、会社は必ず再生、成長する」というのが彼の持論でもある。そしてその「当たり前のこと」とは何かという一つの答えが、ＳＡＮＤＯ基本理念といえる。

リーマン・ショックで乱れた社員たちの心をなんとか回復させるべくつづったこの理念は、河井個人にとっても自らの経営者としての魂のありかを示すものとなった。

小さくとも限界利益率の高い仕事にシフトし、黒字で乗り切る

しかし、こうして理念を掲げ、組織が進むべき方向を示したものの、それだけでは未曽有の不況を脱することはできなかった。売上半減という現実を直視したうえで、なんとか補わねば赤字転落は必至である。

そこで河井たち経営陣が打ち出したのが、売上よりも限界利益と内部費重視で、小さくとも限界利益率比の高い案件を中心に取っていく戦略であった。

これまで数多くの機械を販売し、その多くが現役で稼働していた。そして不景気下にあっても、当然ながら顧客はその機械を動かして商売を続け、そのなかで修理や部

品交換の必要が出てくる。そうしたメンテナンスのニーズを、これまでよりも細かく拾いにいき、修理や部品の納品といった小さな案件を積み重ねようというのが、新たな戦略プランだった。

なぜそれが利益重視につながるかというと、かかるのは主に人件費のみで、製造のコストが比較的小さいため、機械の製造販売に比べ限界利益率が高いからである。

大型案件を受注すれば確かに一度で大きな売上が立つが、一方でさまざまなコストもかさみ、限界利益率が上がってこないケースもある。しかしメンテナンスなら、一つひとつの数字は小さくとも、積み上げていけば着実に利益が増えていく。会社は黒字化するために、手間暇はかかるが限界利益率の高い案件に注力することを決断した。売上の急減に対応するため、限界利益率を高くし、限界利益の絶対額を重視することにしたのだ。

ただ問題は、小さな案件をたくさんこなすためには相応の手間がかかり、人手がいるということであった。しかし不景気によって既存の仕事がなくなり、むしろ人材は余り気味であった。逆にいうと、人員に余剰が出たからこそ、この戦略を選択したともいえる。

なおメンテナンスを商売にするなら、自分から客先を回り、機械の状態はどうなっているか、困り事はないか、積極的にヒアリングをして仕事を獲得していかねばならない。加えてサービスの質も問われる。修理の依頼に応えるスピードから現場スタッフの適切な対応まで、きめ細かなサービスが提供できなければ、自社の信頼に関わってくる。

おそらくシフトチェンジはそう簡単にはいかず、社内の技術陣も四苦八苦しながら少しずつ進んでいくと予想された。一方で、メンテナンスサービスで顧客の信頼を確保すれば将来の新規案件の相談も入ってくる可能性が高い。

そうしてようやくシフトチェンジを成し遂げた成果は、それまでの苦労に十分見合うものだった。技術陣としては、まとまった数のメンテナンスをこなしていくなかで、自社の機械への理解が進み、故障の原因の分析によって構造上の課題も明らかになった。これらは新たな機械の開発においてもとても有意義な経験となった。それに加えアフターサービスの質も向上し、修理や細かな部品の販売を通じてたびたび来訪するなかで顧客との信頼関係もより強固になった。まさに「災いを転じて福となす」である。

結果としてリーマン・ショックによってもたらされた危機によって、逆に組織の新陳代謝が進み、新たな理念のもとで社員が一枚岩となり、メンテナンス事業によって技術力や顧客との信頼関係が強化された。

経営的に最も苦しかった2010年度は、売上は6億4200万円と前年度の半分近くに急落しながら、限界利益率は52・1％と、リーマン・ショック前と比べ15ポイントほども高い数字となった。そして最終的な営業損益が3100万円という、黒字で乗り切ったのである。

当時を振り返り、顧問の公認会計士の田淵はこう語る。

「繊維産業に関わる中小企業は、どこも赤字が当たり前で数千万円のマイナスも珍しくなかったと思います。そんななかで黒字を出し、さらには新事業へのチャレンジも続けたというのは、ちょっと信じられませんでした。本当にびっくりしました」

2014年4月期以降は、生産急増に伴い変動費率も増大し、限界利益率は低下したが黒字は計上できた。SANDOは「会社は社会の公器」という立場から、黒字を継続して給与増による社内還元や研究開発と設備投資、諸引当金（賞与・退職給与等）の計上を行い内部留保に努めた。

なお、危機のなかで取り組み始めた新規事業には、実は会社の未来を変えることになる希少な種が含まれていた。それこそが現在の同社の売上の柱の一つとなっている、フィルム加工事業である。

大変な時期にこそ、飛躍のきっかけがある

フィルム加工の話自体は、もともと顧客からいくつかの相談があり、ニーズがあるのは分かっていた。またフィルム分野が成長産業であったのも魅力を感じていた。とはいえフィルム加工への進出は、簡単にはいかなかった。これまで自社が得意としてきたのは、繊維洗浄など業界で「水もの」と呼ばれる領域であり、一方のフィルム加工は「乾燥もの」という別領域の技術が中心となっていた。また高機能フィルム

のプレス加工はプレス時に製品不良が起きる率も高く、当時の技術ではまだ実用化は困難だった。

そうしたハードルもあり、ここまで手をつけずにきたが、リーマン・ショックで社内のリソースに余裕が生まれた今こそ、開発に取り組むべきであると考えた経営陣はさっそく実行に移した。社内にない技術は社外から取り入れることにし、2011年5月に、大手のフィルム加工機メーカーを退職した技術者を技術顧問として迎え入れたのだ。

実はこうしてフィルム加工に本腰を入れるという選択が、田淵が最も驚いたことの一つであった。

「フィルム関係のエンジニアは人材として需要が高く、うちの会社の当時の給料水準の倍ほどが相場でした。それにもかかわらず、技術顧問を迎え入れた。おそらく彼の年収は、河井さんのそれとほとんど変わらなかったか、それより高かったかもしれません。それに加えて1億円ほどの設備投資をして、クリーンルームを作っています。リーマン・ショックの傷跡がいまだ色濃く残り、外部環境は厳しくて少しでも余裕が欲しい状況で、本当に勇気ある決断でした」

なぜ、清水の舞台から飛び降りるような決断ができたのかについて、河井はこう語っている。

「今振り返っても、苦しいなかでよくやったなあと思います。当時はもう無我夢中で、新規開発を諦めずにやり続けようという一心でした。何事も諦めずに根気強く取り組むと、道が拓けるものですね。危機にひるんで止まるのではなく、少しずつでも前に進んでいくことが大切です」

その後は補助金などもうまく活用した試験機の製造や、さらに人材を集めながら、フィルム事業を形にしていった。「未曽有の不景気にも黒字を出したという事実は銀行関係者を驚かせ、そこからＳＡＮＤＯに対する見る目は大きく変わり、融資が受けやすくなった」と田淵は分析する。黒字経営には、当初は黒字化に半信半疑だった金融機関からの信頼という大きなボーナスがついてくるのである。

２年ほどの研究開発期間ののち、２０１３年にフィルム加工機は展示会に並び、市場への参入を果たした。しかしその後、会社の未来を託されたフィルム事業もスムーズに立ち上がったとはいえず、赤字が続く。展示会などに出展してもなかなか相手にされず、世に広く認知されるまで生みの苦しみが続くこととなった。フィルム事業に限らず、新規事業がすぐに黒字になることはまれであり、種が芽吹き、花開くにはいましばらくの時間を要することになる。

なお同時期には、生産管理のシステム化を行い、新たなシステムを導入した。これまで資材伝票などはすべて手書きであったところから、コンピューターで管理するようになったことで業務は効率化し、正確性も上がった。

レッドオーシャンからの撤退

新規事業へのチャレンジを進める一方で、既存事業についてもそのあり方を見直す必要に迫られていた。

２００９年の段階で、中国、インド、ブラジルといった国々ではすでに繊維市場が回復し、リーマン・ショック前の水準に戻りつつあった。各国に進出している日系企業からも、引き合いが増加していた。ただ、市場が値頃感を重視するようになっていたこともあり、会社の方針として、既存機械から機能をある程度絞り込み、コンパクト化してコストを抑えた改良型の開発によって競争力を高めることにした。

この時期、会社は海外への新たな展開を図っていた。1ドル80円前後という例を見ないほどの円高下にあって海外市場で利益を上げるなら、現地で生産し販売するしか道はない。現地の日系企業としても、機械を運ぶためのコストがかかり、何かあったときの対応にもタイムラグがある日本の会社とやりとりするより、現地に生産拠点をもつ会社と組んだほうがメリットが大きいはずだ。そこで、海外生産が本格的に検討された。

染色機械においては、世界市場のおよそ7割を占める最大の市場である中国抜きには語れなかった。旧経営陣が積極的に進出していたこともあり、その頃の売上の4割は中国市場からもたらされていた。競合他社も中国進出を進めており、まずは中国に生産拠点をもつ検討に入った。

ただ、いくら大きな市場があるからといって、自社の経験やノウハウの確立されていない中国で大きく投資を行うというのは、河井たちの考えとは大きく異なっていた。

「当時すでに中国の市場はレッドオーシャンで、世界各国の染色機械メーカーがしのぎを削っていました。そんななかに、うちのような規模の中小企業が、一社単独で現地生産に出ていくのは、あまりにもリスキーでした」

そう考えてひとまず情勢をうかがっていたところ、すでに進出している日系企業から合弁での打診があった。それから河井たちも2カ月に一度は現地に足を運び、視察を行っていった。

しかしこの提携自体は、中国側の進出許可が下りずに断念することになった。その後も、ほかの企業との提携という形での中国拠点の設立を模索するが、そんななかで会社は改めて中国進出について考えていた。

確かに中国の市場規模は、そのほかの国とは比べ物にならないほど圧倒的である。だからこそ2000年以前からすでにレッドオーシャン化し、ヨーロッパ勢から地元メーカーまで群雄割拠の状況が続いてきた。そんな中国市場では、自社ならではの強みがなければとても生き残れない。

ではＳＡＮＤＯの強みとはなんなのか——その答えは「品質」である。ＳＡＮＤＯ製の機械は国内だけでなく海外でも高品質として知られるようになっていた。同じ機能であっても、品質が高く仕上がりが良く、故障も少ない。その分少し値は張るが、それでも品質を求める顧客が得意先となり、確かな強みとなっていた。

しかしこの強みを活かした展開が、果たして中国市場で可能かというと大いに疑問だった。

レッドオーシャンにつきものなのが価格競争である。すでに競合他社は中国で現地法人を立ち上げ、現地でモノづくりを行い、低価格路線を推し進めていた。当時、中国の会社に営業をかけると、「同じ日本の会社なのに、どうしてこんなに値段が違うんだ」と驚かれるほどだった。

もしこれらのライバルに勝とうとするのであれば、熾烈（しれつ）な価格競争の渦に飛び込まねばならない。しかし、現地メーカーを含めて値段のたたき合いを続けてきた競合他社の機械はすでにかなり低価格となっていた。もちろんその分、品質も値段相応だったが、値頃感重視の市場にあってはそれでも売上を上げていたと考えられる。もしも自分たちがそうした環境に身を委ねるとなれば、相応のリスクを負うことになる。

ただ一方で、売上の4割は中国市場から得ており、経営の柱となっている。現地に進出すればさらに売上は上がるはずだ。柱をより太くするためにも、やはり中国に出ていく必要があるのではないか。

そんなとき河井の脳裏にふと浮かんだのが、自社の再建に着手する以前に手掛けた、特殊繊維・染色加工会社の事例であった。

2005年に関わったその会社では、中国進出がうまくいかなくなり、上海にあった子会社を撤退させることになった。そして撤退を決めた一番の理由は、採算性の悪化であった。つまり2005年の段階で、すでに淘汰される日本企業が現れていたのだ。

自社もまた、2000年代に入ってから中国で赤字受注を繰り返し、業績が悪化するという過去があった。これらは、価格競争に巻き込まれ、値段を下げざるを得なくなった結果だったと考えられる。

目の前の売上を追い、どこよりも安い価格で製品を売った結果、その時は受注が取れたとしても、すぐにそれ以下の値を付けるメーカーが出てくる。値下げ合戦をすれば、いずれ機能を削る、素材を落とすなど品質を下げるしかなくなる。それで再び受注が入っても、質を下げたためにトラブルが起きれば、会社の信用が落ちる。そうなっても、値段を下げることは止められない。ほかより安くしなければ受注が入らず、売上が立たないからだ。

大量生産大量販売であれば、規模の経済で製造コストを下げられるため、価格競争にも強い。しかし受注生産ではコスト削減にもすぐに限界が訪れる、結果的に価格競争はただの消耗戦にしかならないのだ。

結局のところ、価格競争の行きつく先は破滅しかない。なによりそうした市場環境では、自社の強みである「品質」がまったく生きない。それに気づいた時、それまでは最重要課題だと考えていた中国進出のプランが一瞬にして色あせた。

売上よりも利益を追う、その自らの哲学に立ち返ればすでに答えは出ていた。中国市場から撤退し、中国市場での日本メーカーは競合先のK社に譲る、と決断した経営陣たちは現地進出の白紙撤回はもちろん、中国における積極的な営業活動もやめ、きちんと利益が残る仕事以外は断るようにした。

歴史的な円高にあっていまだ中国進出を画策する企業が多いなか、SANDOの撤退は、他社からすれば異例の経営判断に思えたかもしれない。

結果として中国市場からの受注は減り、売上はダウンした。全体の4割を占めていた柱が消えていくのだから当然である。しかし適正価格での販売にこだわるようになったことで限界利益率はむしろ改善していった。

ニッチ戦略により東南アジアで販路拡大

そこから会社は、自社の武器である品質に対し、価値を見いだしてくれる新たな市場を探した。すでに国内では、「技術のSANDO」の看板を取り戻し、繊維染色機械シェアの7割を獲得していた。では海外はどうかというと、中国市場に比べて規模は小さいが、自社の価値を適正に評価してくれる市場が東南アジアと南アジアだった。

なぜ東南アジアや南アジアで高く評価されたのか、その理由は過去の歴史と大きく関係している。南アジアのメーカーは日本の繊維メーカーが技術指導した会社であり、その会社ではSANDO製の機械が導入されていた。

1960年代～1970年代にかけて、日本の繊維産業は急成長し、繊維大国として世界に名を馳せていた。特に合成繊維の開発や品質向上によって、国際市場のニーズも高まる一方であった。そして80年代には、日本の企業は新たな生産拠点を求め、東南アジアなどの労働コストがより安い国への進出を加速させていった。

そうした日系企業に当時の会社は機械をどんどん納めていた。その売上は50億円を超え、まさに絶頂期であった。タイやインドネシアといった東南アジアの国々では、日系企業の工場にSANDO製の機械が並び、その品質の高さを現地メーカーはきっと、驚きと憧れのまなざしで見ていたに違いない。

その後、円の価値が上昇し、中国をはじめとした新興国の繊維産業との価格競争で後れをとるなど、いくつかの要因から日本の繊維産業は勢いを失い、斜陽化の道をたどることになった。しかし東南アジアにおいては、2000年代に入っても日本が繊維の先進国であるというイメージが残っており、そのトップメーカーであったSANDO製機械も、一つのブランドとなっていた。そのおかげで、低価格路線で切り込んでくる中国のメーカーとの直接対決が避けられ、品質を求める顧客から選ばれる下地ができていたのだった。

ちなみにヨーロッパメーカーはどうかというと、最新技術と高いデザイン性をその特徴としており、中国でも東南アジアでも独自の地位を築いていたため、やはり品質を掲げるSANDO製と直接競合するようなことは少なかった。

このような背景から、河井たち経営陣は海外の主戦場を中国から東南アジア、そして南アジア市場へと移すことにしたのであった。

それでも中国撤退による売上の穴を埋めるには到底及ばなかった。実は東南アジア市場は、中国市場と比べはるかに小さく、おそらく10分の1ほどだった。そのため東南アジアでシェアを伸ばしても、売上が急落するのは確実な状況であった。しかしそれでもかまわないと河井たち経営陣は考えた。

2005年/2012年の会社全体の売上内訳

就任前（2005年度）

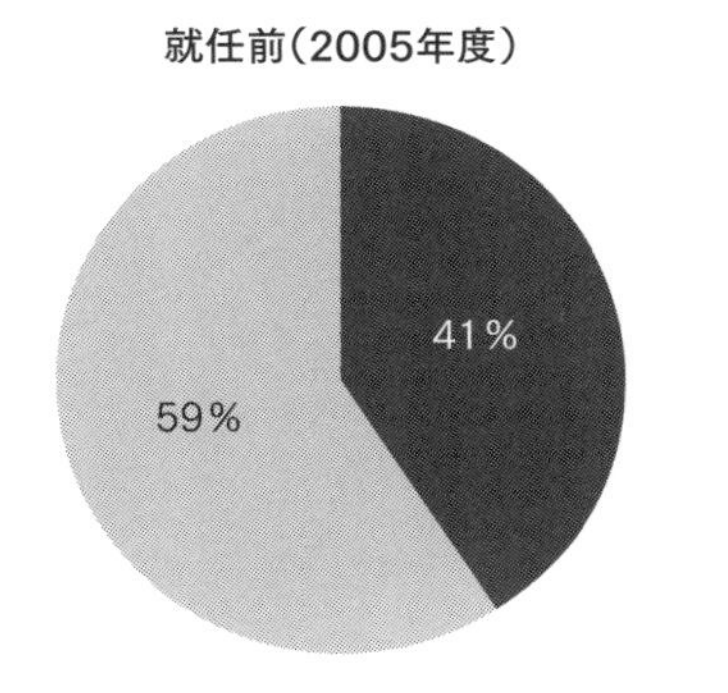

就任後7年目（2012年度）

13%
32%
55%

■国内・日系　■海外非日系　■国内（新規分野〈産業資材〉）

著者作成

「小粒でもいいから、自分たちの強みが活かせて、きちっと利益が上がる市場で戦うほうが、疲弊せず息の長い商売ができます。会社全体では売上がいくら減っても、利益が残ればいいのです」

この考えに基づき、そこから会社は、国内および東南アジアを中心とした日系企業との取引比率を高めていった。社長就任前は、売上内訳のうち、およそ6割を海外非日系、特に中国の非日系企業が占めていた。そのため、国内・日系企業の売上は4割程度にとどまっていた。しかし社長就任から7年後の2012年時点には、その構造は大きく逆転することとなる。売上の7割は国内および中国以外の日系企業からもたらされるようになり、海外非日系企業は3割にとどまったのだ。

とはいえ国内市場は縮小の一途をたどり、東南アジア市場も小さいのだから、当然のことながら売上は伸ばせず、2012年度は7億7900万円と、相変わらずリーマン・ショック前の半分ほどの額にとどまっていた。しかしその一方で、限界利益率は48・1％という実績を残し、営業利益は1億円を超えたのであった。

不景気下でも、あえて不動産資産を売却

2012年には、経営上の一つのターニングポイントといえる出来事があった。それは旧経営陣時代から会社が所有していた賃貸物件の売却である。

本社に隣接していたその物件は、土地の広さ1830坪、建物は延べ床面積で3740坪（約1万2350㎡）という大きさだった。もともとあった自社の土地に、パチンコ店を出したいという話が舞い込んだため、借入をして建物を造り、土地

とセットで貸し出したという経緯があった。

その時の借入金がいまだに残り、自社の借金のうち3分の1を占めていたが、その一方で年間6000万円の家賃収入が得られ、固定資産税などを差し引いても4000万円の利益を生んでいた。なお借入金についても、建設資金という名目で10年の返済期間が設けられており、今すぐに返済する必要はなかった。

経営において、不動産への投資を行って第二の収入源とするアイデアは珍しいものではない。賃貸物件を所有すれば、入居者がいる限りは毎月安定した収入が得られ、それが時に経営の大きな助けとなる。この賃貸物件も、そのままであれば着実に利益を生むものであり、リーマン・ショックや円高という逆風のなかにあっては、頼みの綱になりうる存在であった。

しかし河井たちは、そうしたメリットは重々承知しながらも、しばらく前からこの物件を手放したいと考えていた。

その理由は大きく2つあった。まず、第二の収入源があればどうしてもそれに頼ってしまい、危機感が薄れ、成長が遅れる可能性があった。いずれ副業という退路を断ち、本業だけで勝負していかねばならないという思いが河井たち経営陣のなかでずっとくすぶっていた。

2012年は、リーマン・ショックをきっかけにメンテナンス事業に力を入れてきた成果が徐々に表れ、利益率の改善に加え、顧客との関係性も深まって新たな受注が増えてきた時期だった。そうして利益を出せる体制が整った今こそ、本業に集中するいい機会であった。

次が借金からの解放である。再建着手時から2009年4月期までは、利益を出し借入金返済を優先してきた。そしてリーマン・ショックの影響を受け、売上が急減した2011年4月期からの3年間は、黒字を出すことを最優先し、借入金は返済と借入を繰り返した。ただし、借入金の顕著な増加はさせないこととしていた。

就任から5年間ですでに借金の2分の1は返済しており、賃貸物件を売却すれば、残りの借入金もさらに3分の1になり、銀行からは正常融資先となる。これまで会社は、利益の多くを借金の返済に充ててきたが、そうなれば、以後は社員の給料のベースアップや福利厚生に利益を回すことができ、社会の公器としての役割をより果たせるようになると考えた。

売却にあたって、河井は不動産仲介会社などいくつかに当たり、依頼先を検討したが、このイレギュラーな案件を間違いなく遂行してくれると確信できる相手はなかなか見つからなかった。

そこで助けとなったのが、これまでに培ってきた人脈であった。古くからの知人が間に入ってくれ、最終的には物件の現在の借主が買い取るという理想的な着地となった。売却価格も予想を上回り、それが借金返済の大きな助けとなったのはいうまでもない。

「数々の企業再生を行っていくなかで、自分の応援団になってくれる人がたくさんできたのは事実です。そんな人々の支えも、会社の再建という仕事を成し遂げるための原動力の一つになっていると感じます」

これもまた企業再生は一人の力ではなく、多くの人の力が結び付いてこそ実現するということの表れだと思う。そしてその中心には周囲に大きな影響を与える人物の存在も欠かせないのである。

借金の重圧から解放され、すぐに行った賃上げ

売却を経て、会社の現預金の残高に余裕ができて、いつでも借入金の返済が可能な状況となった。しかしいざ返そうとすると、むしろ銀行の側から「建設のための長期借入金として出したものなので、そんなに急いで返済せずとも大丈夫です」という言葉が返ってきた。銀行としては、できるだけ長く借りてもらったほうが利息もつくし、リーマン・ショックを黒字で乗り切った会社に対する信頼も厚かったのだと思われる。そのアドバイスに応じて6分の1の借金は残ったが、ここで借入金が軽減されたことで、会社としてもひと息つくことができた。

こうして2013年4月期に賃貸物件の売却により、和歌山で初めて導入したABL（動産担保融資）を改めて設定し、借入枠5億円の範囲内とした。以降は、借入金返済を優先せず余裕のあるところで返済することとした。そして創業100周年となる2020年12月に向け、ゆとりある返済で実質借入金ゼロを目指したのだった。

SANDO TECHの実質借入金の推移

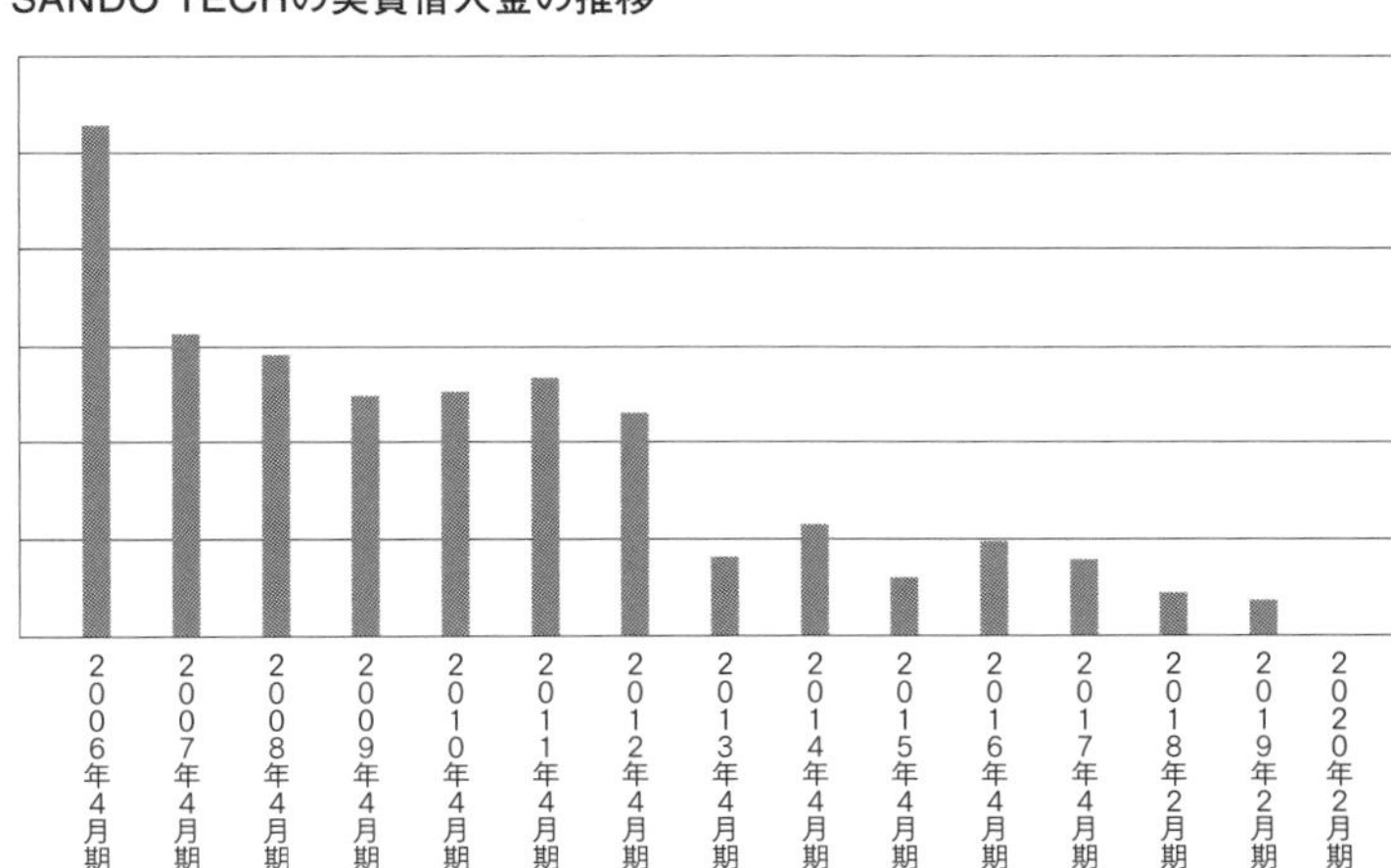

著者作成

2013年に入ると、第二次安倍政権が掲げた経済政策、いわゆる「アベノミクス」の一環として実行された大規模な金融緩和によって、歴史的な円高から、1ドル105円前後まで円安が進んでいった。国内染色産業は、円高の後遺症や資材価格の上昇で引き続き厳しい状況におかれていたが、海外は好調で、特にインドネシアなどでは需要が拡大していた。

すでにメンテナンスなど利益率の高い事業のシェアを高め、売上が小さくとも利益が出る筋肉質な組織へと変貌していたSANDOであったが、ここから急激に機械の受注が増えていった。さらに顧客との関係性が深まっていたからこそ、仕事を断れなくなっていたという事情もあって、機械の生産も前年度に比べ5割もの増産となった。

しかしそれに対応できるほどの人的余裕はなかったため、外部委託でなんとか凌いでいたが、結果として変動費がぐっと増え、限界利益率は急低下していった。会社としても、仕事量のコントロールに頭を悩ませはしたものの、機械受注の急増は一つの追い風であるのは間違いなかった。

そうした背景もあり、河井たち経営陣が着手したのが社員たちの給料のベースアップである。

「借金の重圧から逃れ、さらに利益の出る体制を築けたことで、ようやくやりたいことができるようになりました。真っ先に検討したのが、社員の賃上げでした」

河井の社長就任後、会社は成果給や報奨金制度を導入したが、社員一律での賃上げは行ってこなかった。給料の額は、和歌山県内においての標準額で落ち着いていた。暗闇を抜け、ようやく日が差してきた今、社員たちに報いるべく賃上げを実行するというのは、「会社は社会の公器であり、社員たちの生活の質の向上を目指すのもまた重要な使命である」という経営哲学と照らし合わせても、自然な流れといえた。

こうして経営陣は社員への還元、研究開発と設備投資、そして健全企業並みの引当金（賞与、退職給与等）を実行し、内部留保に努めた。そして自己資本利益を良くするのは、すべての財務措置のあととした。このため、損益分岐点は実質変動値とし社員への給与は地域水準より高く確保し、固定費も引当金、業績連動賞与等の引き上げ等で変動とした。

また、その際に河井自身の給与も上げることにした。2011年度より断続的に迎え入れてきたフィルム加工事業の人材の給与水準が特例的に高いこともあり、トップの給料を上げないと従業員の給料も上げられなかった。そこで自らの給与を上げると同時に、従業員の賃上げに踏み切ったのだった。

そこから賃上げを続けていき、現在の給与平均は過去の1・5倍ほどとなっている。和歌山県にありながら、県外の同等規模の企業と同程度の賃金を実現していることで、UターンやIターンという選択をして就職を希望した優秀な若手社員も多くいて、それがさらなる技術力や営業力の向上につながってきた。

このように、リーマン・ショックという大きな危機を乗り越え、会社の経営は健全化していったのだが、その頃から河井の身体に異変が起きていた。

会社の破綻は、それ自体が〝悪〟

過去にも、いくつかの再生をやり遂げたあとに、河井は体調を崩していた。身体がぼろぼろになり、入院したこともあった。

ＳＡＮＤＯの再建においても、大きな山を一つ越えたところで、やはり身体が悲鳴を上げた。突然、胸がきゅっと締め付けられるような痛みが走ったのだ。

実はその日に至るまでの間にも、身体の異常を感じることがあった。どうにも体調が悪く、心臓は異様にばくばくと脈を打ち、なんらかの問題が起きているのは分かっていた。

いうまでもなく心臓は異常が起きれば生死に直結する器官であり、不調を感じれば一刻も早く病院で診察を受けたいと考えるのが一般的だ。それでも彼は病院に足を運ばなかった。その理由は「危機を乗り越えていなかったから、行けなかった」というものだった。

河井の病状は、心房が十分に収縮せず、けいれんするように細かく震えて脈が不規則になり、動悸（どうき）や息切れ、倦怠感を引き起こす「心房細動」であった。放置すると心筋梗塞や脳梗塞といった重篤な症状を引き起こしかねない。

胸に明らかな痛みが走り、ようやく病院に向かった彼を待っていたのは、「入院、手術」という医師の指示だった。そして、足の付け根の血管からカテーテルと呼ばれる細い管を挿入し、心臓まで延ばして手術を行うカテーテル手術によって治療が行われた。

幸いにも手術は成功し、2週間ほどの入院で身体は回復したが、また同じことが起きれば、今度はどうなるか分からない。過去の経緯からしても、企業再生で背負う重圧、ストレスが、病の引き金となるのははっきりしている。これまでずっと、まさに命がけで魂を削り、身体を削って仕事に取り組んできたのだ。

いったいなぜそれほどまで強い思いで、ほかの人間が創った会社を助けるのか――。

河井の〝再生請負人〟としての原点は、会社再建の道へと一歩を踏み出した、1997年の夏にあった。国内史上初の震度7を観測し、6000人を超える死者を出した阪神淡路大震災は、その後の人々の生活にも大きな影響を与えた。社屋倒壊や工場損傷といった直接的な被害を受けた中小企業では、その負債を背負いきれずに倒産に追い込まれる震災破綻が相次いだ。

彼が人生で初めて再建に関わったのも、震災破綻に追い込まれ、会社更生法の適用を受けることになった機械メーカーである。その事業更生管財人代理を拝命したのが、再生請負人誕生の瞬間となった。ちなみに更生管財人とは、中立の立場で破産者の財産の調査や管理、処分、債権者への配当などを手掛け、更生手続きにおいて中心的な役割を担う者である。

重責を背負って機械メーカーの門をくぐり、会社に入ると、そこには数十人ほどの社員たちが集まっていた。扉を開けた瞬間から、その場が重苦しい雰囲気に支配されているのが分かった。話し声はもちろん、物音一つ聞こえず、気味の悪い静寂が漂っていた。

河井には、居並ぶすべての人の顔が能面に見えた。表情が失われ、まるで感情が欠落してしまったようだった。皆、判を押したようにうつむき加減で、身体は微動だにせず、ただ目だけが時折ぎょろっと動くのみであった。会社がなくなるというのはどういうことなのか、それを骨身にしみて思い知らされた。人から希望を奪い、表情を失わせるような行いが正しいはずはない。会社の破綻はそれ自体が悪なのだ。何があっても潰してはならない。そしてその時に、自らがやるべき仕事も悟った。それは絶望の底にある人々に、もう一度笑顔を取り戻すことだった。

この時の体験は、いまだに河井の心に深く刻まれており、哲学や経営判断にも影響を与えている。会社は社会の公器であると定義し、黒字化に心血を注ぎ、大勝負よりも日々の積み重ねによる成長を好み、企業は人なりと断言し、常に変化し続ける必要性を訴えるのも、すべては会社の経営を少しでも長く継続させ、社員たちの生活を守るためなのだ。

意図せぬ売上上昇で、利益率が低下

2013年は、自社の経営が急激に上向いていく時期で、ここで完全にリーマン・ショックの危機を乗り越えたといえる。しかし河井には、気を緩めている暇はなかった。病気から回復したあと、すぐに復帰して陣頭指揮にあたり、また忙しい日々が戻ってきた。

忙しさに追われる一方で、会社ではさまざまな問題が表面化していた。顧客との関係上断りきれぬ注文が列をなしてやって来て、社内の人的リソースのほとんどを既存事業に回さざるを得ない状況となった。それでも対応しきれず、最低限やらねばならない組み立てのみ自社で行い、加工については外注するなどした結果、利益率が下がった。売上が大きく伸びていくなか、目下の課題は、急成長期の混乱を収めて限界利益率を改善することであった。

新規事業についても進みが遅くなり、さらに新たな開発を手掛けるような余裕が失われていった。フィルム事業だけはこの時期に一つの形ができ、展示会に出展して技術を世に披露したが、そこから停滞期に入っていった。

無論、河井たち経営陣もそのままでいいとは思っておらず、どうにか生産体制を強化し、再び技術開発に力を入れなければならないと考えていた。

「新規開発とは、いきなり結果を出せるものではありません。日々、地道にチャレンジを続けていくことで会社の技術力が磨かれ、それが一定以上のレベルに達したときにようやく芽が出るものです。そうして自社に眠るポテンシャルを引き出し、技術力を高めていった先に、次世代の経営を支える新たな柱となる事業が見つかるのです」

結果として2013年には、売上は11億6000万円とほぼリーマン・ショック前の値まで回復した。受注先は国内および海外日系企業が64%、海外非日系企業が29%となり、中国市場から東南アジアと南アジアへのシフトチェンジと、国内市場への回帰が順調に進んだことをうかがわせる決算内容となった。

こうして経営的に上り調子となったものの、翌年に国内市場において、業界を揺るがす大きな出来事が待っているとは、誰一人知る者はなかった。

第4章

多様化する社会の「ニーズ」に常に応え続ける

繊維染色機械のオンリーワン企業として描く
サステナブルな成長戦略

寝耳に水だった、ライバル会社の倒産

２０１４年9月19日、衝撃的なニュースが繊維業界を揺るがした。ＳＡＮＤＯと同業の染色機械メーカーであるＫ株式会社が、自己破産申請の準備に入ったというのである。そして10月６日には、京都地方裁判所において破産手続きの開始が決定され、ＳＡＮＤＯの競合相手の会社が消滅する運びとなった。

Ｋ株式会社といえば、戦前に創業された染色機械の老舗メーカーであり、一時は広大な工場をもち、５００人もの従業員を抱えていた。業界では誰もが知る存在で、最大の競合相手であった。そんな強力なライバルが約8億円もの負債を抱えて倒産に至ったのだ。業界内では２０１３年あたりから、「経営が危ない」という噂が飛び交っていた。

「この頃は意識していませんでしたが、今考えてみるとそのせいもあって、こちらにどんどん顧客が流れてきて忙しくなったのだと思います」

ライバル会社倒産の報を受け、河井たちはそれが何を意味しているのか瞬時に理

解した。実は国内の繊維染色機械メーカーは、繊維産業の斜陽化とともにどんどん減っていき、2014年の段階で機械のフルライン製造ができるのは、K株式会社とSANDOの2社のみとなっていた。

斜陽化しニッチ市場となったとはいえ、繊維染色機械の国内需要は依然として残っている。はたから見れば、SANDOが独占的に機械を供給できる環境となり、大きなチャンスに思えるかもしれない。確かに市場の独占は一つのメリットであるが、だからといって手放しで喜んではいられない。なぜなら、自社が国内における繊維染色機械製造の最後の砦となれば、供給者責任が生じるからである。

もはやほかに頼るところがない顧客たちからの製造・修理依頼を断れば、日本の繊維産業そのものの存続が危うくなる。社会のニーズに応じられるのは自分たちしかいない。したがって会社としても、よほどの事情がない限り来た仕事を断ることはできなくなり、むしろ無理をしてでも引き受ける必要が出てくる。ライバル会社の消滅という現実を前に、会社はこれまで積み上げてきた戦略を急遽、大きく見直さねばならなかった。そして今後は人員を増やし、設備を整え、殺到する仕事をこなせるだけの生産体制の構築が求められた。

これはすなわち、会社としての規模の拡大を意味するものであり、売上よりも利益重視で経営を続けてきた従来の会社の方針とは、ずれが生じる。また、これまで力を入れてきた新規開発にも手が回らなくなり、さらに遅れが出るリスクがある。

そんなマイナスを抱えると分かっていても、困っている顧客を放ってはおけない。会社は社会の公器であるからこそ、自社の都合で産業を衰退させるようなことはできず、なんとしても供給者責任を果たさねばならなかった。

中国という巨大市場攻略の難しさ

いくら繊維産業が斜陽化してきたとはいえ、100年近い歴史をもつ老舗企業がこの世から消えるのには、それなりの理由があるはずだ。売上や営業利益、当時の事業展開といった事実をベースに、K株式会社の経営が苦境に陥った理由を分析してみる。

大きなターニングポイントとなったのは、中国での事業拡大だと考えられる。とはいえこの経営判断が間違っていたとはもちろんいえない。

バブル崩壊以降、縮小を続ける国内繊維産業のなかにあって、そんな市場からの脱却を図り、拡大を続ける海外市場へと進出していくというのは自然な話であるし、進出先として染色機械において圧倒的な市場を誇る中国を選ぶのも、王道である。しかし中国市場での価格競争が存外に厳しかったというのは、大きな誤算だったと思われる。

デザイン性と最新技術で独自性の高いヨーロッパの機械に比べ、メイドインジャパンの製品はどうしても機械のデザイン等の特徴に乏しかった。しかも新たな機能を出してしても中国においてすぐにコピーされ、より低価格で似たようなものが出回るようなことが頻繁に起きる。それに加えて、値頃感を何よりも重視する傾向があり、品質を武器とする日本のメーカーは評価されづらかった。

そんな状況のなかで生き残るには、値段を下げるしかない。そのためにK株式会社では、現地に拠点を構え、より安いコストでの生産を始めたが、値段のたたき合いに巻き込まれ、利益率はどんどん下がっていった。それは決算の数字にも表れている。例えば2006年度頃の売上は18億円で、そのうち営業利益は2000万円弱である。さらに翌年は売上24億円と、前年度より6億円ほど上積みしているにもかかわらず、営業利益は限りなくゼロに近くなっている。

当時の中国市場では、とにかく他社よりも安い金額を示せれば、売上が立った。しかし実はそのシンプルな構図のなかに、罠があった。

売上を追って値下げを繰り返すほど利益率は下がり、なんとか採算性を合わせるために品質を落とさざるを得なくなる。結果として故障などのトラブルが起き、メーカーとしての信頼を失うという負のスパイラルにはまり込んでしまったのだ。

そこに来てリーマン・ショックの影響もダイレクトに受け、翌々年は売上15億円前後ながら約1億円以上もの赤字が出た。その後、市場の回復に合わせてやや持ち直すが、売上は15億円前後のまま推移し、以前の水準には戻らなかった。そして数年後には再び大赤字となり、破産申請に至ったのだった。

社長交代前のSANDOも似たような状況に陥り、資金繰りや銀行への説明のため最後には採算性度外視で、決して質が高いとはいえない機械を売り続けた結果、経営が悪化してしまった。

売上は重要な経営指標の一つではあるが、その数字を伸ばすのが目的化してしまうと、見えなくなるものも多い。自らの会社がおかれた状況を見極め、利益とのバランスを考慮しながら進むという経営の基本に、常に立ち返る必要がある。

世界最速の「ハイブリッドスプライス装置」を試作

こうして繊維染色機械のフルライン製造を行う日本国内で唯一の会社となり、それに伴う増産対応に明け暮れる日々であったが、だからといって新たな技術開発がゼロになったわけではない。ペースダウンを余儀なくされつつも、開発の手だけは決して止めなかった。

この時期の主なチャレンジとして挙げられるのが、炭素繊維や不織布といった産業資材に関わる機械の開発である。炭素繊維はほとんど炭素からできている繊維で、現在では自動車のフレームや航空機部品の素材として、航空宇宙産業などさまざまな業種で利用されている。

炭素繊維については、実は過去に一度、手掛けたことがあった。顧客からの依頼でスタートしたが、当時は技術的なハードルも高く、「これほど手間がかかり、儲かるかどうかも分からないならやる必要はない」という経営判断で、打ち切りとしていた。

そして時代は巡り、顧客より再び引き合いがあったとき、会社は迷わず炭素繊維分野への再挑戦を決断した。炭素繊維分野は今後さまざまな業種で利用が見込まれる成長産業であり、現在利益を出せなくとも将来的に有望であると判断したのだ。また自社の技術力を磨くためにも、手間がかかるものほど積極的に受けてきた経緯があり、やらない理由は見当たらず、むしろ積極的に開発に取り組んだ。

実際、現在では炭素繊維分野の需要はさらに拡大しており、ゴルフクラブやテニスラケットなどのスポーツ分野だけでなく、航空宇宙分野をはじめ幅広い分野で大きな可能性をもっている。

特に有名なのは航空機で、炭素繊維で強化したプラスチックは「軽くて、硬く、強い」ため、金属を使用するよりも機体を大幅に軽量化することができ、現在では50％以上を炭素繊維で強化したプラスチックを使用した新機種も登場している。また、宇宙分野では２０１０年に地球へ帰還した小惑星探査機「はやぶさ」にも炭素繊維が使われている。

そして１９９０年後半からは一般産業用でも炭素繊維を使うケースが急速に増加し、風力発電の風車にも炭素繊維強化プラスチックが使用されている。またＦ１などレーシングカーに使用される技術を応用した通常の自動車の開発も進行中である。軽量化を図ることで燃費が向上すれば二酸化炭素削減にもつながるため、低コスト化や量産技術の確立などが進められている。

さらに不織布も、やはり顧客からの引き合いが増加していたのと、市場が堅調であったところから参入を決めた。不織布は繊維を織ったり、編んだりせず、繊維同士を絡ませたり、機械的、化学的に結合させることによってシート状にして生産する。布のように「織る・編む・縫う」といった工程を必要としないため、大量生産できることも特徴である。また二次加工を施すことで、さまざまな機能性を加えることができ、手術着やマスクをはじめとした医療用をはじめ、工業用資材や建築資材、自動車部品、さらには生活資材にまで幅広く利用されており、今後ますます需要の拡大が予測される。

ただ、最先端の素材を扱う産業資材分野では、顧客から常に機械の性能を裏付けるデータの提出を求められた。したがっていきなり機械を納めるのではなく、まずはテスト機を作成してデータを集める必要があった。繊維染色機械と比べて要求される技術レベルも高く、本格的に事業を広げるなら設備投資もしなければならなかった。

そのため、まずは顧客のニーズに耳を傾け、できることを可能な範囲で行い、技術を積み上げていくしかなかった。

もう一つ、4年ほど前から手掛けてきたフィルム加工事業にも動きがあった。2014年の時点でのフィルム製造装置分野の国内市場は4000億円、そのうち自社が対象とする市場は1000億円と推定された。

すでにこの市場に対し、他社との差別化を図った洗浄機などを売り始めていたが、なかでも画期的であったのが、年末に完成させた「ハイブリッドスプライス装置」の試作機である。

フィルムなどの基材をロールから送り出し、一連の加工を経て再びロール状に巻き取る「ロール・ツー・ロール」の生産ラインにおいては、一つのロールをすべて巻き取り終えるタイミングで、新たなロールを元の基材に継ぎ足し、連続的に生産していく。

そのためには、自動で基材をスプライス（つなぎ合わせ）する装置が欠かせない。

ハイブリッドスプライス装置

なおテープを使った基材のつなぎ方には、端をそろえ片面テープで接着する「突き合わせ」と、端を折り重ね両面テープで貼りつける「重ね合わせ」がある。SANDOで開発し、特許を取得したのは、この突き合わせと重ね合わせの両方を1台で行えるハイブリッドス

プライス装置であった。

その最も大きな特徴はスピードにあり、従来なら7～15秒を要していたスプライス動作を、最短1秒（現在は0・5秒）と驚異的に縮め、世界最速をたたき出した。

スプライス動作の際には生産ラインを止めねばならず、その時間は短ければ短いほどいい。仮に動作1回につき10秒が短縮されるとして、それが1日20回行われるとするなら、年間で20時間もの短縮になり、生産量の増加に直結する。

このハイブリッドスプライス装置こそ、実はのちのフィルム加工事業を背負って立つ存在となるが、この装置は生産ラインのなかの工程の一部でユニットになるため、ユーザーやラインメーカーの認知が必要であり、当時は本格的な販売には至らなかった。フィルム加工事業自体も赤字続きで、毎年数千万円のマイナスを既存事業によって補塡（ほてん）している状況であった。

それでも河井たちは決して諦めなかった。会社としてもむしろさらなる人材を雇い入れて体制を固め、２０１５年からの3年間で売上を5億円まで拡大するという目標を立てていた。現在の主業である繊維染色機械が、近い将来頭打ちになると予測し、それを補完するような形で並走させていくという計画であった。

2013~2014年というのは、既存事業である繊維染色機械の仕事がどんどん入ってきて増産対応に追われており、売上が絶好調の時期である。その追い風のなかにあっても冷静に将来の下落を見越して、次の一手を打っているというのが、河井の経営者としての才覚である。

「ピンチのなかに飛躍の目があるように、チャンスの裏にも凋落（ちょうらく）の可能性が潜んでいるものです。いくら調子が良くとも舞い上がることなく、目先の利益ばかりにとらわれず、未来を想像して必要な策を講じておくというのも、末永く企業を存続させるためには大切だと思います」

トップを長く続けるほどリスクが高まる「権力の腐敗」

2015年も既存の繊維染色機械事業は順調で、たとえるなら「成長期の少年のように、身体の成長に心が追いつかない」という混乱のさなかにあった。

リーマン・ショックによって生産量が底を打ったときと比べ3倍近い売上が出ている状況で、引き続き社内でこなせぬ仕事を外注に出すなどしていたため、限界利益率がなかなか上がってこなかった。

だからといって、単純に工場を増やして自社の生産体制を拡大するのは得策とはいえなかった。勢いに乗って工場や人員を増やせば、確かに今よりも売上を大きく伸ばすことはできる。実際に黒字を重ねてきたＳＡＮＤＯでは、十分に融資を受けられたはずでその戦略をとるのも可能であった。

しかしそれは、常に現状の仕事量があるというのが前提の話である。もし仕事が減ったときにも、新たにつくったリソースを稼働させねば生産性が下がるため、売上の確保に走るような状態になりかねない。

「組織としてしっかり利益の上がる体制を整えながら売上を伸ばしていくには、その増加額は、毎年5～10％程度というのが理想的と考えています。ただ当時は毎年3割も増えており、そのバランスをなんとか修正しようとしていました」

そう語る河井だったが、経営としてはかなりの安定感が出てきていた。ライバル企業がいなくなり、国内繊維産業が残っているうちは着実に仕事が来るのも分かっていた。そして市場が縮小していった際に、新たな柱とすべき事業の種もいくつもまいてきていた。

「もう自分が社長をやらなくとも、この会社は経営を続けていけるだろう」

彼のなかで、会社の再生には一区切りついた感覚があった。もともと、3年の予定で始めた再生案件である。すでに8年あまりが経過していた。ここで再び経営から身を引こうと考えるようになった。

決してこの会社での仕事が嫌だったわけではない。むしろ社員たちとの絆は深まり、やりがいや充実感も高まっていた。それなのになぜ、辞めようと考えたのか。

彼が恐れていたのは、同じ人物が長きにわたってトップに居続けることによって起きてくる、「権力の腐敗」であった。

会社は経営者の所有物ではない

自らを律し、正しい道を歩む努力を、河井は常に続けてきていた。例えば交際費をほとんど使わないのは、いわゆる接待を好まないからである。「メーカーなら製品や技術で勝負すべきで、接待は必要なし」というのが持論であるが、自分が接待で経費を使うのに慣れ、会社を私物化するようなことがあってはならないという自らへの戒めでもある。

会社の経営状況をガラス張りにして社員に公開しているのも、ＳＡＮＤＯ基本理念を制定したのも、社員たちのためであると同時に、自分を律するためであった。

会社は社会の公器と明言している以上、わずかでも自分の所有物のように扱うようなことがあってはならないし、その利益は社会に還元されるべきものであるから、税金についても特に節税対策は行ってはいない。

そんなストイックな姿勢を知るコンサルタントなど外部の人々は、時に冗談めかして彼のことを「仙人」と呼ぶ。

再生が軌道に乗ったら、その成果を享受することなく会社を去ろうとするのもまた、俗世間と距離をおこうとする仙人らしい行動ではある。

2015年度は、再建に取り掛かってから10年目という節目の年であった。しかしそろそろ会社を去ろうと思ったそのタイミングで、思わぬところから引き留められた。

「とあるお客様が、タイに大きな工場を建設中であり、そこで使う機械を入れるのに協力してほしいと頭を下げられました。せっかく会社が伸びてきたのに、あなたは今、辞めるつもりなのかとも言われました」

業界では誰もが名を知り、世界的に事業を展開するその会社のトップは、河井と同年代で、同じ大学の出身でもあった。そんな相手から情に訴えられては、なかなかに断りづらく、考えた末に要請に応えて続投を決意した。

値段を引き上げながらも、海外販路を開拓

２０１５年～２０１６年にかけては、中国から退いていきつつ、東南アジアやインド、パキスタンといった新たな市場の受注獲得が増えてきたタイミングであった。

そうした市場においても、国内で唯一の競合相手であったK株式会社がなくなった影響が現れた。日本の繊維染色機械が欲しいならＳＡＮＤＯしかない、ということで認知度が上がり、引き合いが増えたのである。新市場を構成する国々の多くでは、日本が繊維大国と呼ばれた時代に培われたメイドインジャパンへの信頼が残っており、事実上その代名詞となったのは追い風といえた。

しかし課題もあった。社長交代以前の２０００年代初頭に、旧経営陣が中国以外の海外市場にも積極的に手を伸ばしていた時期が存在したが、その時はK株式会社がかなり安い価格で機械を販売していたこともあり、ＳＡＮＤＯもまた自社の機械を採算度外視で営業をかけていた。

結果として、「コストはかかるが品質が高い」が売りであったはずのメイドイン

ジャパンへの信頼が、「値段も品質もそれなり」という印象にすり替わりつつあった。

その頃、海外営業を主としていた社員、山東正和は当時の状況をこう語る。

「いくら引き合いがあっても、利益の出ない取引をするわけにはいきませんから、まずは販売価格を適正なところまで上げていく取り組みが必要でした」

ただ当然ながら、値上げ交渉というのはそう簡単にはいかない。顧客が納得しなければ競合する海外メーカーに取引先を変更される恐れもあるから、それなりの説得材料が求められる。また為替レートの問題もある。対外価値が日本円よりも低い通貨での取引になれば、日本国内と同様の価格で販売するのは難しくなる。

そこで、これまで「技術と省エネ」の方針のもとで進めてきた新規開発やバージョンアップを武器に、市場に切り込んでいくことにした。すでに他社にはないオリジナリティーの高い機械や機能が、いくつもできていたからだ。

例えば、「従来の機械に節水機能がつきました。今まで機械を2回、通さねばならなかったのが1回で済み、しかも一度に使う水の量が○○リットル減ります。導入すれば、環境保護にもなり、また年間で○○という金額が浮きます」というように、できるだけ具体的にメリットを説明していく。

そのうえで、「初期コストは確かにこれまでの機械よりも高くなるけれど、それ以上の節約効果があるので、長い目で見れば得ですよ」と示す。というように「合理性があれば、海外の顧客もきちんと耳を傾けてくれた印象だった」と山東正和は振り返る。

そのような営業活動を続け、値段をこつこつと引き上げていった結果、次第に利益の残る価格で機械を販売できるようになっていった。

また新興国において、山東正和が特に手応えを感じていた市場の一つが、インドであった。

「もともとヨーロッパ勢の機械で席巻されている市場でしたが、過去に日本企業から技術指導を受けて、その一環で工場を建て、日本製の機械を使ってきたお客様もいました。そうした会社では、メイドインジャパンの品質の良さを分かっていて、リピーターになってくれました。また、そこで働いていた社員の方々が別の会社に移った際にも、SANDOの機械はとても使いやすくていいということで、紹介を受けて納入したケースもあります。そんなファンが着実に増えている感覚がありました」

では、ＳＡＮＤＯの機械の魅力はなんなのか、ライバルであったヨーロッパ製の機械と比べると見えてくる。デザインが洗練され、色使いも豊かなヨーロッパ製の機械は、確かに見た目ではＳＡＮＤＯのそれを圧倒していた。しかしそれゆえ、デザイン優先の設計になっている面があり、パネルが外せず掃除しづらかったり、カバーで覆われていてメンテナンスに労力がかかったりと、使い勝手に課題があった。

一方でＳＡＮＤＯの機械は、デザインこそやや無骨であるものの、清掃やメンテナンスのしやすさまで細かく配慮された設計であった。そして加工した製品の仕上がりの良さも、メイドインジャパンに軍配が上がっていた。

「インド市場だけの話ではないのですが、試しに1台使ってみると魅力が伝わり、そこから長くお付き合いいただけるお客様が多いというのがＳＡＮＤＯの製品の一つの特徴です。営業としても、どの国でも自信をもって品質を押し出し、セールスしてきました」

この山東正和の証言どおり、東南アジアを中心とした海外マーケットでの売上は、徐々に好調へと転じていった。

ついに利益をもたらすようになった、新規事業

そうして山東正和が精力的に海外を飛び回っていた２０１６年、17年において、事業の最大の変化といえるのが、これまで手塩にかけてきた新規分野が、ついに頭をもたげてきたということだろう。

赤字が続いてきたフィルム加工事業でいうと、いまだ成長期の混乱の渦中にある２０１６年の段階でその赤字幅は縮小していた。そして翌年には、ようやく黒字化のめどが立った。

ほかの産業資材分野も、そろって伸びてきていた。その結果、２０１６年には全社の売上の1割、翌年には2割を占めるようになっていった。

しかもこうした数字は、大型案件の受注によっていきなりつくったものではない。当時、忙しかった繊維染色機械事業のほうでは億を超える大型案件を手掛けており、

SANDO TECHの2013年以降の売上推移の図

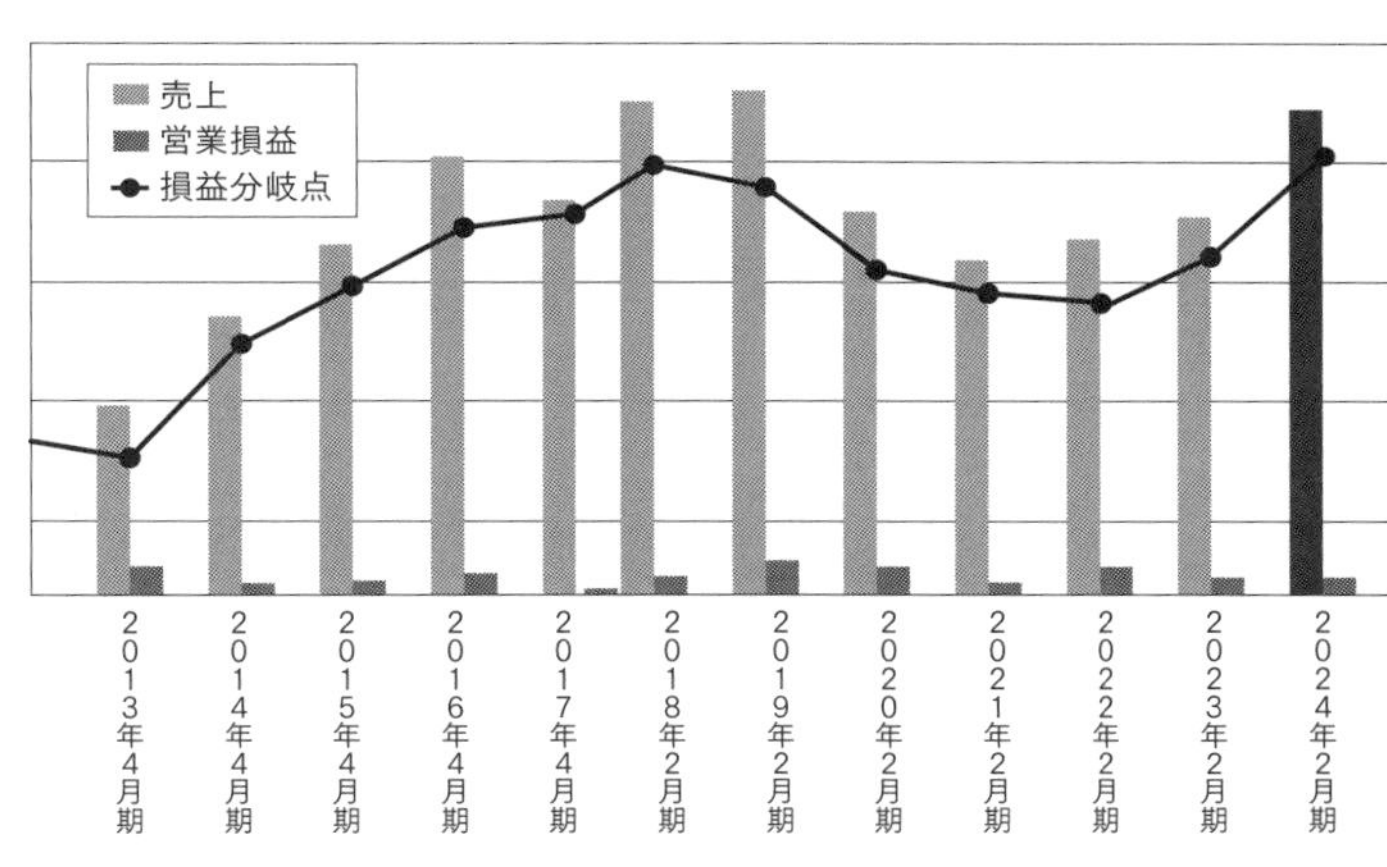

著者作成

新規分野でもそれをこなすだけのリソースはなかった。したがって、売上としては1000万円、2000万円という小規模な案件が、産業資材分野の主業であった。当時を振り返る河井の言葉がこれである。

「どんな事業でも、いきなり売上を大きくつくってそれを持続していくのは難しいものです。自社の体力に見合った形で新規開発を行い、少しずつ体制を整えながら、とにかく継続してチャレンジを続けるのが大切だと思います」

2017年には、ライバル会社倒産

という特需によって伸びていた既存の繊維染色機械事業の仕事量は次第に一服し、それを受けて会社は、より付加価値の高い新規分野にさらに注力していった。

そして2018年になると、難産であったフィルム加工事業が、暗中模索の時期から足かけ8年でついに黒字化にこぎつけた。また産業資材事業が売上に占める割合は3割まで上昇し、それに伴って限界利益率が上昇に転じたのだった。

「このタイミングで、私のなかでは局面が変わったと感じました。既存事業より新規分野が利益を生む構造になったというのは、自社の歴史のなかでも大きな変化でした」

こうして斜陽産業にその身をおきながら、SANDOは新たな時代を生き抜くための力を蓄え、準備を整えたのだった。

ところが新時代の荒波は、河井たちの予想をはるかに超える高さで到来し、思いもよらない厄災によって日本も世界も疲弊していく。そんな激動の未来において、新規事業が命綱となり会社が救われることになるなど、当時は誰にも想像できなかった。

第5章

企業再生に、〝偶然〟など存在しない——

改革を続け、次の100年へ理念をつなぐ

徐々に日本を呑み込んだコロナウイルスの影

２０１９年は、河井が思い描いてきた会社の理想的な姿と、ほぼ一致した経営状況となった。

既存の繊維染色機械事業が落ち着いてきてキャパシティにも余裕ができ、その分を新規の産業資材やフィルム加工事業に回し、付加価値の高い仕事の割合が上がったことで、限界利益率が高まった。社員たちの給料も断続的に上げ、県外の同等規模の企業と同程度の給与水準に達していた。組織の風通しも良く、社員たちは自分の仕事に誇りをもち、一丸となって未来へと進もうというモチベーションで溢れていた。しかもこの頃、預金残高が借入金を上回っており、実質無借金であった。

「やり切った」――彼はそう思い、またもや引退のタイミングをうかがい始めた。

２０２０年12月で、会社は１００周年を迎える予定であった。その大きな節目のタイミングで自らは身を引き、あとは次世代に託そうと決断し、新たな取り組みは社員たちに任せるようにした。

例えばＩｏＴについては、若いチームが主導となって進めていた。

機械にセンサーを付け、それをインターネットに接続して、部品の振動や消耗具合を常時モニターしてデータ化していった。データがたまってくれば部品が壊れる前にはどのように振動するか、どの部分がどれくらいで消耗するかを割り出し、壊れてトラブルとなる直前で交換するという「予知保全」が可能となる。

またシステム面では、３Ｄ ＣＡＤを導入した。それにより設計図を立体化して把握でき、体積、表面積、質量や重心といった情報も算出できるようになって、図面の精度がより高まった。

まさに順風満帆といえる状態であったが、そんな時間はそう長くは続かなかった。むしろ好調の時にこそ、予期せぬ大きな変革の荒波が押し寄せてくるというのは、会社でも人生でも同じだと思われる。

２０１９年12月、中国・湖北省武漢市で原因不明の肺炎患者が報告され、感染源が不明だったことから疫学的調査が始まった。そして翌年１月、未知のウイルスが原因だと特定された。

新型コロナウイルス（COVID-19）と名づけられたウイルスは、わずか数カ月間に世界中に蔓延し、日本でも2020年5月12日までに約1万5000人もの感染者が発生することになる。

国際的なパンデミックに対応すべく、多くの国は感染者の検疫や渡航制限を実施した。また感染抑制のためロックダウンや患者の隔離を行ったが、その後も感染の勢いは衰えず、引き続き厳格な感染対策がとられるようになった。

日本でも緊急事態宣言による外出や移動の制限は人々の生活を大きく変え、それに伴い各国の経済活動にも多大な影響が出た。特に製造業においては、パンデミックの初期からサプライチェーンの寸断などが起き生産量は低下、企業はこぞって投資を控え、民間投資が減少していった。

そしてSANDOも、例外なくこの未曽有の事態に呑み込まれていった。

事業構造改革が間に合い、被害は最小限に

コロナ禍が自社にどれほどの影響を与えるのかを最も肌で感じていたのが、既存事業の海外営業を担当していた山東正和であった。

2月にインドで商談があり、導入の合意をとりつけるところまで進んだが、山東正和が帰国した前後で感染者の数が膨れ上がり、国内は緊急事態宣言に入った。インドでも同様に感染者が増加していたことから、合意した案件についても先方から「とりあえず様子を見させてほしい」と言われて止まってしまい、そのまま立ち消えとなった。

「私がもっていた案件や引き合いが、すべてなくなってしまったのは衝撃でした。契約直前までいっていた案件ですら、この先どうなるか分からないという理由で凍結、白紙となる……。今まで経験したことのない状況で、無力さを感じました」

山東正和はなすすべなく事態を見守ることしかできなかった。

また会社としても、確かに既存事業は2019年の時点でやや下降気味であった

が、まさか100年に一度のパンデミックが起きて海外の案件がゼロになるなど、まったくの想定外である。しかも、いったいいつ事態が収束するのか、見通しもまったく立たない。

そんな状況で、会社を去ることなど当然ながらできるわけはなかった。新たな危機を乗り越えるべく、河井は継続して自社の陣頭指揮を執ることとなった。

売上は2018年と比べ、2020年の段階で3割も目減りしていた。ただ、リーマン・ショックではおよそ半分に急落したのと比べれば、被害はまだ抑えられていた。

その理由は明白だ。リーマン・ショック時は既存事業への依存率が高かったため、国内外の需要の激減と業績が連動してしまった。しかし2020年においては、既存事業の売上は全体の3割にとどまっていたのである。

残り7割の売上を担っていたもの、それこそが産業資材事業やフィルム加工事業をはじめとした新規事業分野であった。つまりコロナ禍に入るぎりぎりのタイミングで、すでに会社は事業構造のシフトチェンジにおおむね成功していたのだった。

そして結果的にそれが、会社の生死を分けることとなった。

産業資材事業分野は、コロナ禍の影響をそこまで大きく受けることなく、不織布関連では2020年もむしろ増加傾向にあった。過去には小型案件が中心であったところから、本格的な生産に乗り出す顧客が増えてきた。会社としても、コロナによって生産体制に余裕が出たこともあって、大型案件が受注できるようになっていた。

特に威力を発揮したのが、フィルム加工事業で開発したハイブリッドスプライス装置である。特許をもち、世界最速のスピードを誇ったこの装置に対する注目度は高まり、装置単体でも、それを組み込んだラインとしても、需要がどんどん高まっていた。いくつかの顧客は、他社製の機械で構成した生産ラインのなかで、スプライスだけはSANDOの装置を採用し、入れ替えていた。また、ハイブリッドスプライス装置が入り口となって、生産ライン全体を任されるなど、さらなる売上の拡大にも貢献した。

それ以外にも、これまで諦めることなくこつこつと継続してきた産業資材分野の新規事業が、いくつも花開いた。

そのおかげで、SANDOは甚大なダメージを受けずにコロナ禍を乗り切れたのだった。

会社も人も、変わり続けねばならない

ここで改めてSANDOが、世界金融危機とパンデミックという未曽有の事態をなぜ黒字で乗り越えられたのか、考えておきたい。

第二次世界大戦、オイルショック、バブル崩壊、阪神淡路大震災、東日本大震災など、日本の近代史をさかのぼれば、中小企業がその存在を懸けて戦わざるを得なかったような出来事がいくつも起きている。こうして歴史に刻まれるような未曽有の事態を、よく「100年に一度」などと形容するが、ここまでで挙げた出来事はすべて80年以内に起きたことである。実際にはほぼ10年に一度のペースで、企業の存在を脅かすような天変地異や戦争、経済危機が発生している計算となる。

そしてそれらに共通しているのは、予測がつかないという点である。いずれも突発

的に発生し、あっという間に経済を混乱に陥れて、人々の生活を大きく変えていく。予見し、回避するのはほぼ不可能である。

不景気に対し、例えば現金を豊富に用意しておくなど、日頃の備えをしている経営者はいるだろうが、その多くは対症療法でしかない。パンデミックのようにそれまでの価値観が覆される事態が起きれば、世界のあり方が大きく変わる可能性がある。不景気は備えによって凌げたとしても、新たな世界において自社の属する産業領域が斜陽化していったなら、そのままでは蓄えが尽きた瞬間から衰退が始まり、やがて消滅の危機を迎えるのは明らかだ。

では、今後も10年に一度やってくるかもしれぬ未曽有の事態に対し、企業はどのように向き合えばいいのか、その問いに対する一つの答えをＳＡＮＤＯが見せてくれている。

「世の中は常に変化しています。現状に満足し、同じ場所にとどまり続ければ、それが衰退につながります。会社も人も、変わり続けていかねばなりません」

会社の存続にプライオリティーをおき、そのためには何をすべきかずっと考えてきた河井の結論は「変わることを恐れずにチャレンジし続ける風土をもった会社を創る」であった。

つまり、自らを変化させ続けるのを一つの前提とし、新しいことにトライするのを習慣化してしまえば、どんな事態にも柔軟に対応する力がつくのだ。

会社の経営が良いときにも、悪いときにも、常に未来に目を向け、新しい事業、新たな技術へのチャレンジをこつこつと行っていく。そうして積み上げたいくつものチャレンジのなかから、未曽有の事態を生き抜くのに役立つものや、その後やってくる新たな世界に適応するための武器が見つかる。実際にそうやってこの会社は危機を乗り切ってきたのだ。

結局のところ、事が起きてから手を打とうとしても選択肢は限られてしまう。たとえなかなか芽が出なくとも、新たなチャレンジという未来への投資を続けていった先に、未曽有の事態をチャンスに変える、可能性の扉があったのだと考えられる。そしてその扉にたどり着く原動力の一つとして、独立したメーカーであり続けることに対するこだわりがあったのだと思う。

売上が10億～20億円という規模の製造業の会社は、どこか特定の大企業の下請けとなっているケースが多い。和歌山県を見渡しても、SANDOと同程度の規模で機械メーカーとして独立している会社はほとんどない。

確かに大企業の下請けとなれば、ある程度は安定して仕事が入るし、親会社の成長に合わせて自分たちも伸びていきやすい。しかし安定性と引き換えに失われかねないのが、自社独自の新たな技術開発である。親会社からいわれるがままに加工を行うような環境では、その領域に精通はできても、なかなか従来の枠を超えた新技術は生まれないものだ。

大企業の側からすると、価値ある技術のある会社を傘下に入れて、専属でモノづくりをしてもらうというのは、自社製品の品質の向上や安定のためには欠かせない。実際に大企業からもち込まれた大型案件のなかにも、動き出せば大企業の指示に従って生産を進めねばならないと思われるものがいくつかあった。

しかしSANDOはたとえ経営的に厳しい時期であっても、それを避けてきた。

「私はそもそも売上を目的にしていませんし、規模の大きな仕事ほど社内のリソースをとられますから、相談を受けた際には、メーカーとしての強みを活かして付加価値の高い仕事ができるかどうか、より慎重に判断してきました。どこかの企業の下請けにつこうと思ったことは一度もありません。SANDOが100年続くような企業となるためには、人に頼らず、小さいながらも自立したメーカーとして、独自技術をどんどん生み出していく必要があると考えてきました」

そうしてメーカーであることにこだわり続けたからこそ、リーマン・ショック下でフィルム加工事業に進出し、それが10年後のコロナ禍では収益の新たな柱の一つとして会社を支えるというストーリーが生まれたのだ。

人が辞めていくのは、つらいし、情けない

パンデミックという歴史に残る厄災によって延期となったが、2020年はSANDOとしては100周年の節目にあたり、記念行事を行う予定であった。

そのなかで発表されるはずだったのが、社名の変更である。

これまでの「山東鐵工所」という名から、新たに「SANDO TECH」へと生まれ変わり、次の100年に向けてリスタートを切ろうというのが、会社の描いていたプランである。2013年の時点で、英文表記はすでに「SANDO TECH, Inc.」となっていたが、それを日本での名前にも使うことになった。確かに2020年のSANDOは、社員のおよそ4割が技術者で占められ、旧社名の「鐵工所」よりも、「テック企業」であることを表す新たな名のほうが、実情を表していた。

2020年にも、これまでと変わらず新たなチャレンジを続けており、10以上もの研究開発を手掛けていた。また、今までも継続してきた全社的な人材教育に、さらに力を入れた。

「会社というのは、人が財産です。なぜなら環境の変化に対応できるのは、機械や設備ではなく、人だからです」

それは河井の一貫した考えでもある。なお、人を育てるというと新人教育からのスタートをイメージする人も多いかもしれないが、社員たちの多くは中途採用であり、さまざまなバックボーンをもった人々が、この会社を目指して集まってきていた。

技術レベルも、価値観もそれぞれ異なる中途採用の社員たちに、技量や技術を一律で教えるのは現実的ではない。したがって、技術指導は各生産ラインのなかでより実践的に行うのが通例となっている。

ではどのようにして全社的な人材教育を行ったかというと、この会社で働くうえで誰もが心に刻むべきものである「ＳＡＮＤＯ基本理念」を中心に据えて、研修会を実施してきたのである。

そしてこの研修会を手掛けるのは、会社の人間ではない。

外部のプロフェッショナルとして招聘（しょうへい）され、２０１１年より毎年、研修を手掛けてきたのは追手門学院大学大学院で経営・経済研究科の教授を務める、水野浩児である。

水野は奈良県を地盤とする金融機関の出身で、地域金融の実務経験を積んだのちにアカデミックの世界へと転身したという経歴のもち主である。人材育成のための講義や研修も手掛け、実務を理解し、現場感覚をもって指導にあたってきた。

２０１１年といえば、リーマン・ショックで乱れた社員たちの心を一つにすべく、

「ＳＡＮＤＯ基本理念」ができて間もない時期である。水野は河井から、社員自らが課題認識することができ、その変化を定点観測できる研修を依頼されたという。

「企業とは人が創るものであるというのを、河井社長は最初から理解していました」

そう語る水野がなによりよく覚えているのは、初めて相談を受けたときのある言葉だった。

当時の会社では、パワーハラスメントが行われていた痕跡があった。とある管理職の社員は、「この会社では強い者しか生き残れない」と言い放ち、部下に対して「俺の言うことを聞け」と迫ったという。製造現場には、部下を叱責（しっせき）する怒鳴り声がしょっちゅう響き渡っていた。そのような管理職が何人かいた結果、若い社員たちは辞めていった。

そんな現状に心を痛めていた河井は、水野にこう言った。

「これだけ人が辞めていき、不幸になっていくのは、つらいし情けない。若い人が辞めない組織にしたいので、協力してくれませんか」

以来、定期的に研修を実施して「ＳＡＮＤＯ基本理念」を社員たちの心にしみ込ませるとともに、社員たちから上がった意見を毎年比較し、その時々での意識のあり方やモチベーションなどを分析してきた。

なおこの研修は、若手社員と中堅社員に分けて行われている。その両方に河井も参加しているが、いずれの社員たちもトップがいるからといって遠慮することはなく、積極的に意見を述べていく。経営陣に対して辛辣（しんらつ）な意見が出ることも多々あり、水野は研修運営に苦慮するほどだった。一方、河井としては研修を通じて組織の問題点を把握し、それを改善するとともに、社員たちの声を経営の参考にする貴重な場ともなってきた。

水野が研修で毎回必ず行うのが、社員たちによるＳＡＮＤＯのＳＷＯＴ分析である。

ＳＷＯＴ分析とは、自社の外部環境や内部環境を「Strength（強み）」「Weakness（弱み）」「Opportunity（機会）」「Threat（脅威）」の４つの要素に分けて分析し、評価するフレームワークだ。

ＳＷＯＴ分析を行うことは効果的な経営戦略を立てるうえで欠かすことのできない

SWOT分析

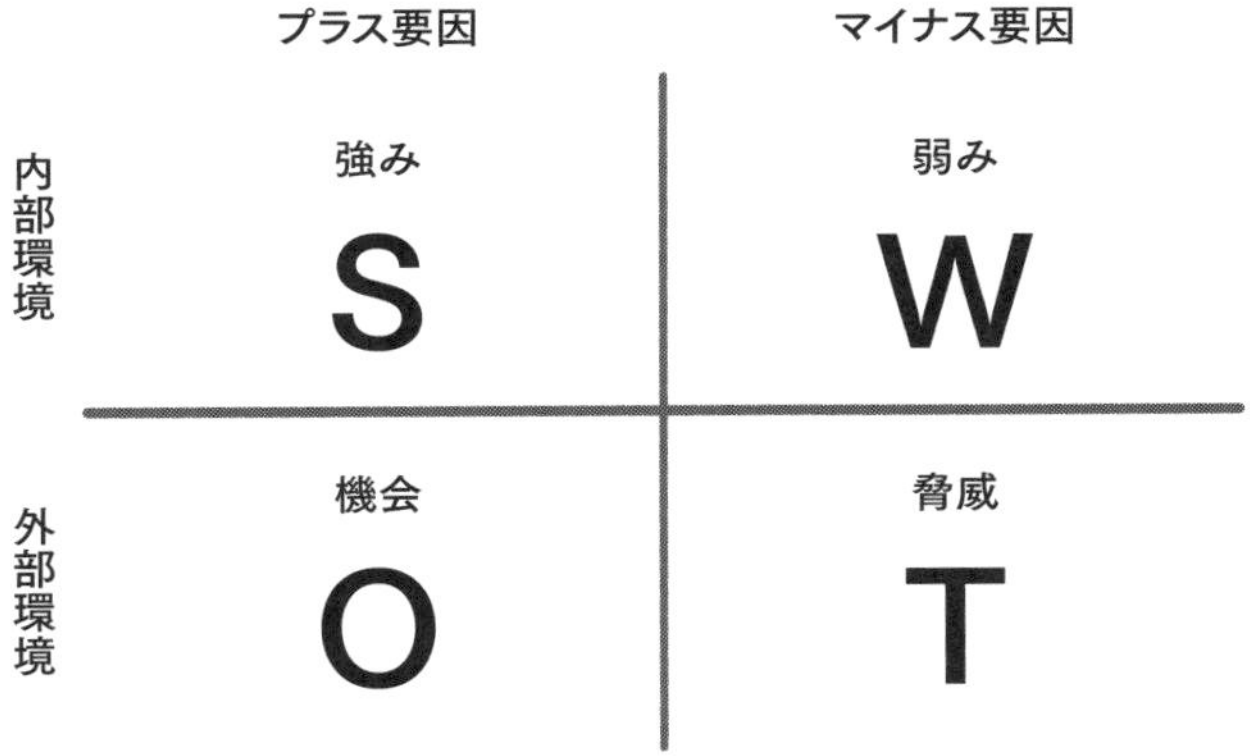

	プラス要因	マイナス要因
内部環境	強み S	弱み W
外部環境	機会 O	脅威 T

著者作成

要素である。自社の強みと弱み、自社にとってプラスとなる外部要因、マイナスとなる外部要因を知ることが、自社の現状把握や、競合企業の分析につながるからだ。また既存事業の問題点を洗い出し、これから行う新規事業のリスクの早期発見も可能となる。戦略的意思決定、マーケティング計画、プロジェクト管理、キャリアプランニングなど、さまざまな分野で利用されるもので、金融機関においては企業の将来性を見極める事業性評価ツールとしてよく用いられる。

社員たちに毎回、ＳＷＯＴ分析を実施してもらい、現場における現状と課題を浮かび上がらせるとともに、定点観測によって組織がどう変化しているかを見極めていくというのが、水野の狙いであった。

「研修は、各自が感じていた課題を全員で共有し、ともに解決策を考える一つの機会となっています。また、管理職が若手社員の考え方を知る機会にもなり、マネジメントにも役立っています。忌憚（きたん）のない意見の交換を通じ、組織が一枚岩になるきっかけをつくるのも大きな目的です」

こうしてこの研修は、SANDOの社員教育の一つのベースとなり、「次の100年」を担う社員たちを育み続けている。

当たり前のことをやり切った先にある、必然の再生

ここまでSANDOという会社の歩みを追い、その足跡のなかに示された再生と成長の理由を探し続けてきた。

最後に改めて、識者たちの意見も参考に、会社再建の本質に迫っていくことにす

る。

大阪と京都で弁護士法人京阪藤和法律事務所を主宰する弁護士・浅田和之が河井と出会ったのは、2003年のことだった。浅田は従業員300人を抱えるニットメーカーの再建にあたり、当時在籍していた法律事務所の先輩弁護士とともに再生に取り組んだ。

「工場や事業の立て直しを弁護士が行うのには限界があり、本件では河井さんの力を借りなければ再生は難しかったと思います。そこから二人でほぼ毎週現地に行き、苦楽をともにしました」

この案件を通じて互いに信頼関係ができたことから、SANDOの再建にあたっても声がかかり、現在は顧問弁護士を務めている。自らも弁護士の立場で再建に関わっていくなかで、浅田は改めて河井の手腕に感嘆した。

「本音と建前を使い分けるようなことはせず誠実に社員と向き合い、どこをどうすれば会社が変わるのかを示したうえで、ともに実行していく。一方で数字を徹底して突き詰め、社員に対しても甘えを許さないという姿勢を見せる。一つひとつの選択が、経営者として理にかなったものに思えました」

時に経営に関する相談も受けてきたが、これまでで危ない橋を渡るような話はいっさいなく、非常に堅実な経営判断を続けてきた印象であると語る。

「世の経営者には、時に博打(ばくち)に出てより大きな成功を狙うタイプの方もいますが、河井さんはそうしたことはいっさいせず、論理的な裏付けのない勝負は行いません。しかし行くと決めれば大胆に攻める勇気ももち合わせています。記憶に残っているのは、リーマン・ショック時、売上が半減して苦境に陥ったにもかかわらず、1億円という費用を投じてクリーンルームを作り、新規事業に出ていったことです。常に未来を見据え、新たな開発に利益をどんどん投資する思い切りの良さは河井さんの特徴の一つで、実際にそのおかげでコロナ禍を乗り切っていますから、会社の再建のための正しい選択であったと思います」

財務面で再建をサポートしていた田淵の分析にも、浅田と共通するところが多分にあった。

印象に残っている出来事はやはりリーマン・ショックで、売上が大きく落ちているのに黒字で乗り越えたのには、驚きを隠せなかったという。

「売上を追わず、利益を大切にするというのは、河井さんの経営を語るうえでは外せない要素であると思います。それが歴史的な不況でも黒字を出せた一番の理由かもしれません」

赤字続きであった会社がわずか半年で黒字転換したのも、黒字へのこだわりがなせる業であり、そのために社員たちの力を引き出すとともに、経営に関する数字を徹底して突き詰めていったところに、河井マジックの種があると田淵は考える。

「私も数字を扱う人間ですから、河井さんがどれほど精緻に数字を積み上げてきたか、よく知っています。そして自分はもちろん社員たちにも妥協を許さず、納得できる数字になるまで説明を求め、繰り返し改善を要求する厳しさがあります。しかしそれだけでは、人はついてこないと思います。情に流されず冷静に数字を追う厳しさと対極にあるような、人間への深い愛情もまた心に秘めており、だからこそどんな企業の再建でも社員たちの力をフルに引き出すことができて、奇跡的な再生が行えるのかもしれません」

本書でたどってきたＳＡＮＤＯの足跡を振り返っても、浅田が指摘するように、博打のような経営判断や斬新な経営テクニックによって、前に進んだことは一度もない。

・会社は社会の公器である。
・会社の存続こそ、経営の目的である。
・〝企業は人なり〟が経営の本質である。
・社員が幸せに働ける組織を作る。
・売上よりも、利益を重視する。
・メーカーは、技術と品質で勝負する。
・メーカーとして、常に新たな技術開発を行う。

こうして河井の経営哲学を並べてみると、人によってはありきたりな格言集のように見える。経営者のなかには、「こんな話はわざわざ言われずとも分かっている。当たり前のことだ」と感じる人もいるはずだと思う。しかしその「当たり前」を誠実に実践したからこそ、瀕死の状態だったSANDOが、奇跡のような成長を遂げ、見事に復活したのは事実である。

河井はそんな「当たり前」を何よりも大切にし、経営の王道をまっすぐに歩んできた。その結果、関わったあらゆる会社が、斜陽産業のなかにありながら再建し、しかも存続しているという事実がすべてである。

「特別なノウハウなどいらない。当たり前のことを、当たり前にしていけば、どんな企業も必ず再建できる。企業が再生するのは、いわば必然なのだ」

この言葉こそが、企業再建の最大の鍵であることは間違いない。

おわりに

２０２４年５月——河井にとっては、ある意味で待ちに待った日が訪れる。足かけ19年にわたり、社員たちと苦楽をともにしながら歩んできたＳＡＮＤＯの経営トップの責任から解放されるのである。

自分としては、やり切った。これ以上は身体がもたない。

笑いながらそう話す彼のあとを引き継ぐのは、これまで海外営業を主戦場としていた山東正和である。

営業畑一筋で歩み、世界を渡り歩いてきた経験のもち主だが、経営の実務にタッチしたことがなかった山東正和は、社長就任の打診があったとき、大層驚いたという。

「もともと別の業界で働いており、会社にはあまり詳しくなかったのですが、この会社が経営再建しようとしているときに、自分は何もしなくていいのかといった思いもあって、河井社長と会いました。そこで『入社するのはウェルカムですし、今の仕事を続けてもらってもかまいませんから、山東さんが選んでください』と言われたのは、今でも記憶に残っています。それから1カ月、悩みに悩んで入社を決めたときから、SANDOに骨をうずめる覚悟はありました。ただ、すでに河井社長の新体制となった組織を、いずれ自分が継ごうなどとはまったく思っていませんでした。後継者になってほしいと打診があったときも同じで、正直戸惑いました」

せっかく再建された会社を、再び凋落させるようなことはあってはならない。果たして自分に、会社の経営ができるのか……。思い悩んだ末、山東正和は次期社長の重責を背負う決意を固めたという。

「河井社長のような経営は、自分にはできない。同じことはできないのだから、自分なりにやるしかない。そう考えると、少し心が楽になりました」

河井もまた、自らの代理になってほしくて山東正和を選んだわけではなかった。

「自社に適した経営の手法や経営ノウハウというのは、時代によって変わるものですから、引き継いでも意味はありません。それよりも私が大事だと思うのは、考え方です。会社は社会の公器であるという本質を忘れず、社員を大切にした経営を行ってくれたなら、あとはすべて変えてくれてかまいません。むしろ変えてもらわねば困るのです」

その河井からのエールに、新たに会社の指揮を執る山東正和もこう答えている。

「ＳＡＮＤＯの経営理念は、自社にとって永久不変のものであると思います。それは大切に引き継ぎ、判断の軸としながら、その時々に合わせた経営をしていくのが自らの役割です。社名も変わり、次の１００年に向けて動き出していくなかで、社員の皆さんの力を借りながら、進んでいきたいです」

縮小を続ける繊維機械市場への対応、アフターコロナにおける世界展開の再構築や、新たな技術開発、そして老朽化した工場の建て直し……新社長が手をつけるべきタスクは山積みであるが、必然の再生を成し遂げた過去を振り返れば、それらを成長の糧とするのも決して難しくはないはずだ。

新社長となる山東正和と会社が引き継ぐべき理念、守るべきものは、実はシンプルである。

「社会を、関わるあらゆる人を、幸せにする」

それが実現できている限り、きっと何があろうと会社は成長していく。

それ自体がとても「当たり前」な原理原則である。


ただし、ＳＡＮＤＯの経営の足跡を見れば分かるとおり、シンプルであり続けることは決して簡単ではない。アップルの創業者であるスティーブ・ジョブズも同様に、「シンプルであることは、複雑であることよりも難しい」と述べている。シンプルであるためには懸命な努力と明瞭な思考が必要だが、それだけの大きな価値が待っている、といった内容が、多くの人々の間にも語り継がれている。

〝ＳＡＮＤＯ ＴＥＣＨ〟の今後のさらなる成長を切に願い、筆を置くこととする。

國天俊治（こくてん　としはる）

ライター・文章コンサルタント。1977年茨城生まれ。2002年、ドキュメンタリーライターのアシスタントとして出版業界に入り、2003年にライターとして独立。ドキュメンタリー分野を中心に雑誌や書籍を執筆する。2009年から、ビジネス書籍分野へと活動を広げ、以降10年以上にわたって経営者取材、企業取材をメインに数多くの書籍やインタビュー記事を手掛けてきた。特に経営者に関する取材執筆、文章指導に定評があり、50冊以上の経営者の書籍作成のサポート実績がある。現在は社内報や書籍作成などのコンサルティングに力を入れ、「経営者の心を届け、一枚岩の組織づくりに貢献する」をモットーに活動を行っている。

本書についての
ご意見・ご感想はコチラ

必然の再生
創業100年企業 復活の軌跡

2024年1月18日　第1刷発行

著　者　國天俊治
発行人　久保田貴幸

発行元　株式会社 幻冬舎メディアコンサルティング
〒151-0051　東京都渋谷区千駄ヶ谷4-9-7
電話　03-5411-6440（編集）

発売元　株式会社 幻冬舎
〒151-0051　東京都渋谷区千駄ヶ谷4-9-7
電話　03-5411-6222（営業）

印刷・製本　中央精版印刷株式会社
装　丁　川嶋章浩

検印廃止

ISBN 978-4-344-94749-8 C0034
幻冬舎メディアコンサルティングＨＰ
https://www.gentosha-mc.com/